U0368226

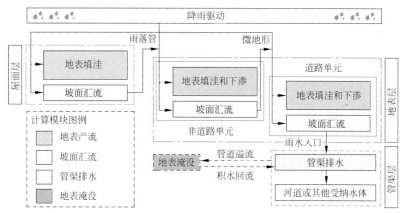

图 2.2　模型计算模块及其拓扑关系

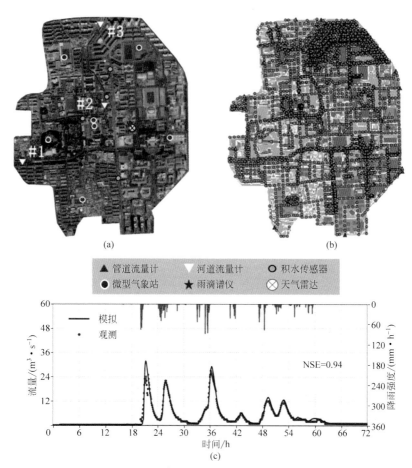

(c)

图 2.3　清华大学校园模型应用情况

（a）水文气象监测系统；（b）gUHM 模型；（c）河道流量监测点＃3 处的流量过程模拟结果

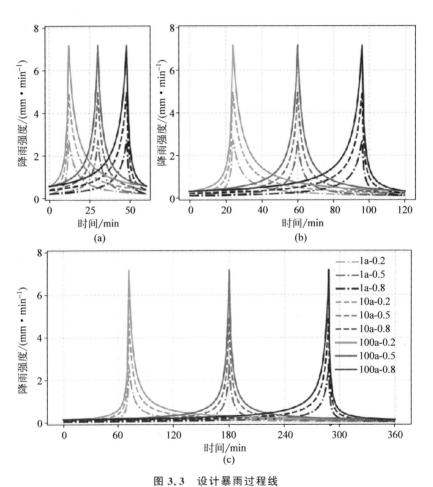

图 3.3　设计暴雨过程线

（a）60 min 降雨；（b）120 min 降雨；（c）360 min 降雨

注：图例中"a"表示年，如"1a-0.2"代表降雨重现期为 1 年，雨峰系数为 0.2。

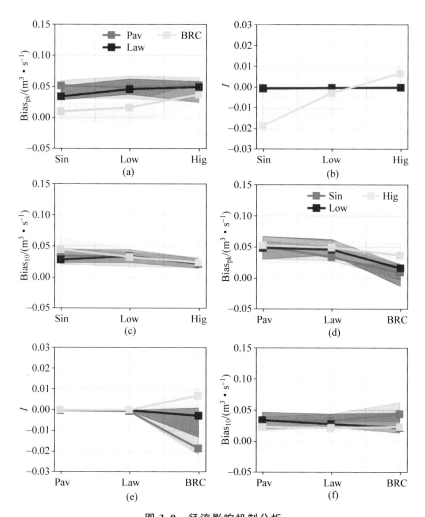

图 3.9　径流影响机制分析

（a）～（c）不同景观措施类型下径流影响与建筑物空间格局的关系；

（d）～（f）不同建筑物空间格局下径流影响与景观措施类型的关系

注：实线表示中位数结果，阴影区域的下边界和上边界分别对应第一和第三四分位数结果。

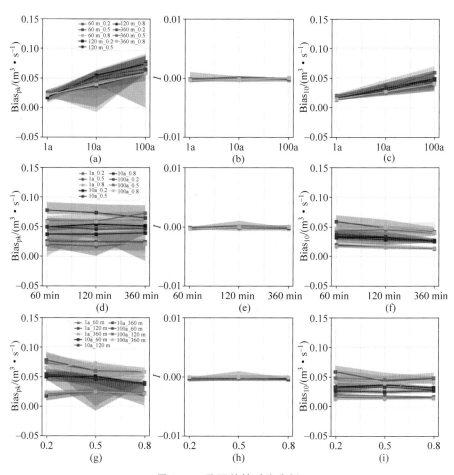

图 3.10　降雨特性对比分析

（a）～（c）不同降雨历时和雨峰系数组合条件下径流影响与降雨强度的关系；

（d）～（f）不同降雨强度和雨峰系数组合条件下径流影响与降雨历时的关系；

（g）～（i）不同降雨强度和降雨历时组合条件下径流影响与雨峰系数的关系

　　注：图例中"m"表示"min"，实线表示中位数结果，阴影区域的下边界和

　　上边界分别对应第一和第三四分位数结果。

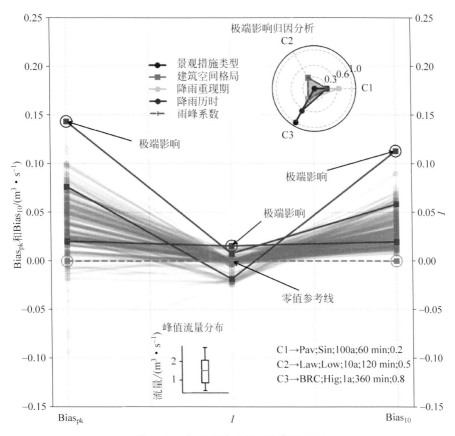

图 3.11 极端影响及其诱发条件分析

注：红色和绿色圆圈分别标记了最大和最小影响。

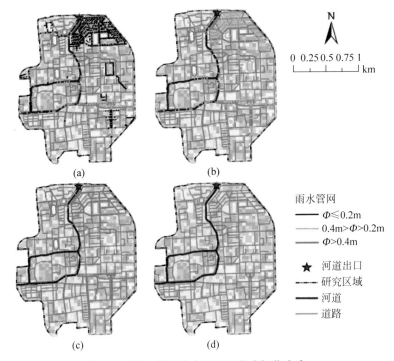

图 4.9　雨水管网分布及不同程度概化方案

（a）无概化情景（BC 情景）；（b）忽略直径小于 0.2 m 的雨水管道（S1 情景）；（c）忽略直径
小于 0.4 m 的雨水管道（S2 情景）；（d）忽略全部雨水管道（S3 情景）

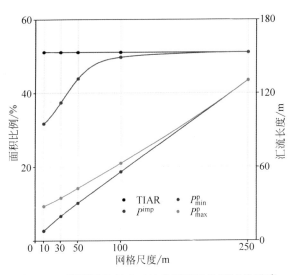

图 4.12　模型网格尺度对地表汇流特性描述的影响

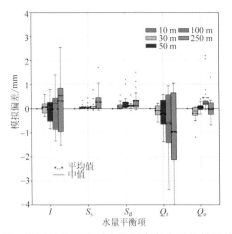

图 4.13   模型网格尺度对水量平衡各个组分模拟的影响

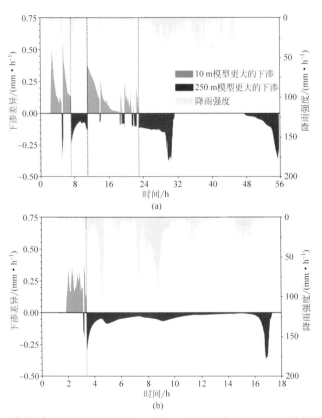

图 4.15   长历时强降雨过程下 10 m、250 m 分辨率模型下渗过程模拟结果对比

（a）E160720 降雨个例；（b）E120721 降雨个例

注：下渗差异为 10 m 模型模拟结果减去 250 m 模型模拟结果所得，即绿色区域表示 10 m 模型下渗模拟结果更大，而红色区域则相反。

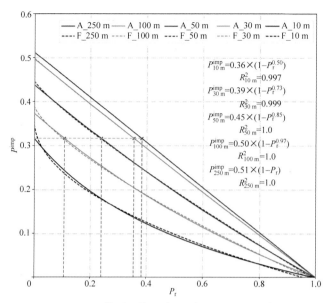

图 4.16　不同模型网格尺度下 P^{imp} 和 P_r 之间的关系

注：虚线表示对二者关系采用幂函数进行拟合的结果；图片右侧给出了具体公式和决定系数（R^2），变量下标（如 10 m、30 m 等）表示不同的模型网格尺度；图例中"A"表示实际值，"F"表示拟合值。

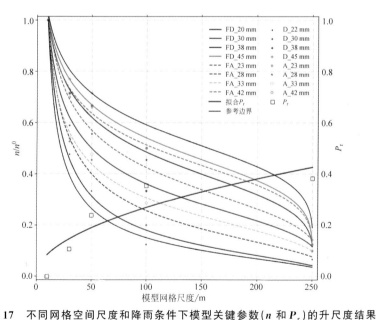

图 4.17　不同网格空间尺度和降雨条件下模型关键参数（n 和 P_r）的升尺度结果

注：左侧纵坐标表示升尺度后的透水区糙率值（n）与其原始值（n^0）的比，右侧纵坐标表示升尺度后的 P_r 值。黑色实线为不同网格尺度下透水区地表糙率取值的上下参考边界。空心圆（○）和加号（＋）分别表示实际和设计降雨事件下地表糙率（n）的参数升尺度结果，散点大小代表 1.5 h 最大降雨强度，彩色线条（实线和虚线）为地表糙率（n）变化趋势的拟合曲线。"FD"表示设计降雨条件下参数值的拟合曲线；"FA"表示实际降雨条件下参数值的拟合曲线；"D"表示设计降雨条件下的参数值；"A"表示实际降雨条件下的参数值。

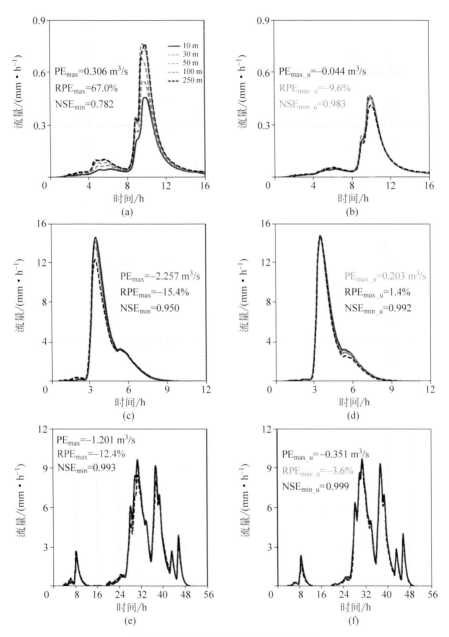

图 4.18　参数升尺度方案的效果评估

（a）、（b）弱降雨事件（E170605）；（c）、（d）强降雨事件（E170714）；（e）、（f）极端降雨事件（E160720）

注：NSE_{min} 表示 NSE 的最小值，PE_{max} 和 RPE_{max} 分别表示峰值流量绝对偏差和相对偏差的最大值。NSE_{min_u}、PE_{max_u} 和 RPE_{max_u} 则表示采用参数升尺度方案后的相应指标值。

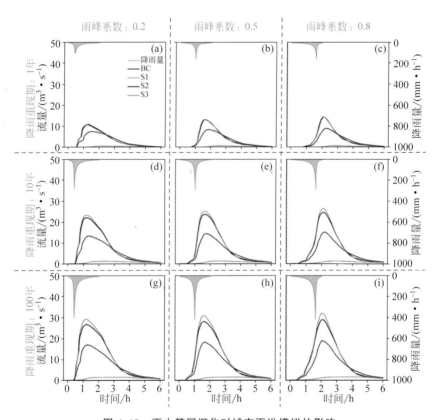

图 4.19　雨水管网概化对城市雨洪模拟的影响

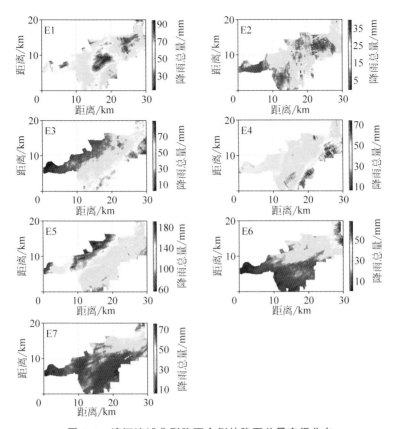

图 5.1　清河流域典型降雨个例的降雨总量空间分布

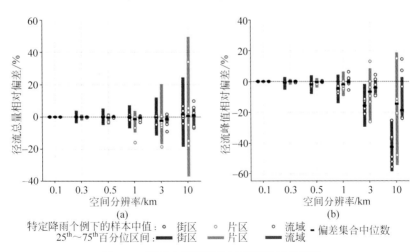

图 5.5　降雨空间变异性对径流模拟的影响

（a）径流总量；（b）径流峰值

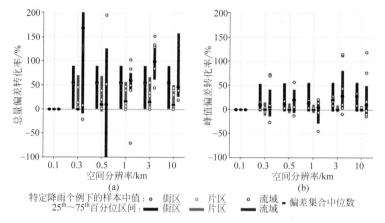

特定降雨个例下的样本中值：○ 街区　○ 片区　○ 流域　- 偏差集合中位数
25th～75th百分位区间：▮ 街区　▮ 片区　▮ 流域

图 5.6　雷达降雨到径流模拟的偏差转化率

（a）总量偏差；（b）峰值偏差

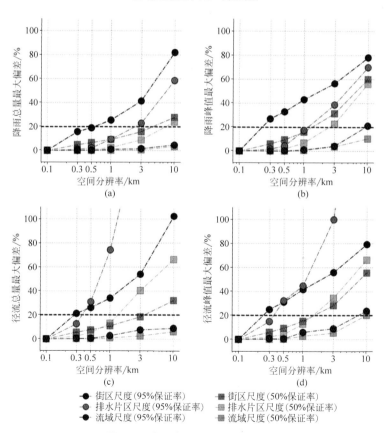

● 街区尺度（95%保证率）　▪ 街区尺度（50%保证率）
● 排水片区尺度（95%保证率）　▪ 排水片区尺度（50%保证率）
● 流域尺度（95%保证率）　▪ 流域尺度（50%保证率）

图 5.7　降雨空间分辨率阈值分析

（a）降雨总量；（b）降雨峰值；（c）径流总量；（d）径流峰值

注：为了更加清晰地展示结果，横坐标轴均采用了对数坐标。

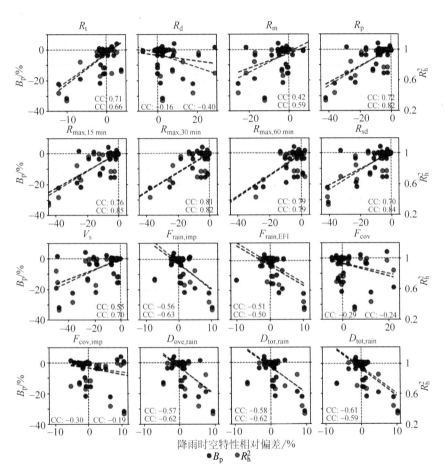

图 5.9　降雨时空特性对洪水峰值模拟精度（B_p）和洪水过程

模拟精度（R_h^2）的影响

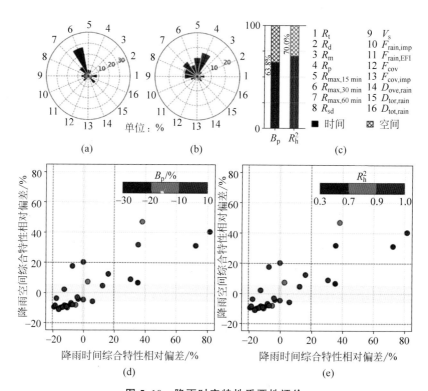

图 5.10　降雨时空特性重要性评价

（a）以洪水峰值模拟精度（B_p）为标准；（b）以洪水过程模拟精度（R_h^2）为标准；

（c）降雨时间和空间特性重要性对比；（d）以 B_p 为标准的降雨时、空综合特性

偏差阈值分析；（e）以 R_h^2 为标准的降雨时、空综合特性偏差阈值分析

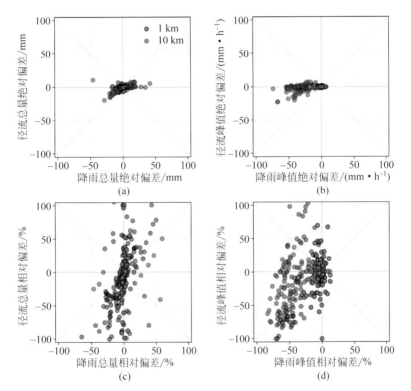

图 5.11   排水片区尺度下降雨描述和径流模拟偏差对比(以 1 km 和 10 km 降雨条件为例)

(a)总量绝对偏差;(b)峰值绝对偏差;(c)总量相对偏差;(d)峰值相对偏差

注:浅灰色区域表示降雨描述偏差大于径流模拟偏差,白色区域则相反。

清华大学优秀博士学位论文丛书

精细化城市雨洪模拟研究

曹雪健（Cao Xuejian）著

On the Refined Urban Stormwater Modeling

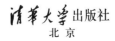

清华大学出版社
北京

内 容 简 介

本书针对模型网格尺度效应、降雨空间分辨率效应等水文模拟的关键问题开展研究,利用天空地高精度综合观测数据和成熟的城市雨洪模拟技术,在居民区、清华大学校园,以及清河流域等不同的城市水文尺度上开展了系统的工作,揭示了建筑物屋面微尺度汇流过程对城市水文响应的影响机理和规律,提出了城市雨洪模拟的次网格参数化方案,指出了城市雨洪模拟中需要把握的关键降雨特性和所需的最低降雨数据空间分辨率。

本书可供从事城市水文、市政及洪涝风险管理研究的高校和科研院所的师生及相关技术人员阅读参考。

图书在版编目(CIP)数据

精细化城市雨洪模拟研究 / 曹雪健著. -- 北京 : 清华大学出版社,2025. 3.
(清华大学优秀博士学位论文丛书). -- ISBN 978-7-302-68285-1

Ⅰ. P333.2

中国国家版本馆 CIP 数据核字第 2025C0F725 号

责任编辑:程　洋
封面设计:傅瑞学
责任校对:王淑云
责任印制:杨　艳

出版发行:清华大学出版社
　　　　网　　　址:https://www.tup.com.cn,https://www.wqxuetang.com
　　　　地　　　址:北京清华大学学研大厦 A 座　　　邮　　编:100084
　　　　社 总 机:010-83470000　　　　　　　　　邮　　购:010-62786544
　　　　投稿与读者服务:010-62776969,c-service@tup.tsinghua.edu.cn
　　　　质量反馈:010-62772015,zhiliang@tup.tsinghua.edu.cn
印　装　者:三河市东方印刷有限公司
经　　销:全国新华书店
开　　本:155mm×235mm　　**印　张**:8.25　　**插　页**:8　　**字　　数**:152 千字
版　　次:2025 年 3 月第 1 版　　　　　　　　**印　　次**:2025 年 3 月第 1 次印刷
定　　价:79.00 元

产品编号:103123-01

一流博士生教育
体现一流大学人才培养的高度（代丛书序）①

人才培养是大学的根本任务。只有培养出一流人才的高校，才能够成为世界一流大学。本科教育是培养一流人才最重要的基础，是一流大学的底色，体现了学校的传统和特色。博士生教育是学历教育的最高层次，体现出一所大学人才培养的高度，代表着一个国家的人才培养水平。清华大学正在全面推进综合改革，深化教育教学改革，探索建立完善的博士生选拔培养机制，不断提升博士生培养质量。

学术精神的培养是博士生教育的根本

学术精神是大学精神的重要组成部分，是学者与学术群体在学术活动中坚守的价值准则。大学对学术精神的追求，反映了一所大学对学术的重视、对真理的热爱和对功利性目标的摒弃。博士生教育要培养有志于追求学术的人，其根本在于学术精神的培养。

无论古今中外，博士这一称号都和学问、学术紧密联系在一起，和知识探索密切相关。我国的博士一词起源于2000多年前的战国时期，是一种学官名。博士任职者负责保管文献档案、编撰著述，须知识渊博并负有传授学问的职责。东汉学者应劭在《汉官仪》中写道："博者，通博古今；士者，辩于然否。"后来，人们逐渐把精通某种职业的专门人才称为博士。博士作为一种学位，最早产生于12世纪，最初它是加入教师行会的一种资格证书。19世纪初，德国柏林大学成立，其哲学院取代了以往神学院在大学中的地位，在大学发展的历史上首次产生了由哲学院授予的哲学博士学位，并赋予了哲学博士深层次的教育内涵，即推崇学术自由、创造新知识。哲学博士的设立标志着现代博士生教育的开端，博士则被定义为独立从事学术研究、具备创造新知识能力的人，是学术精神的传承者和光大者。

① 本文首发于《光明日报》，2017年12月5日。

博士生学习期间是培养学术精神最重要的阶段。博士生需要接受严谨的学术训练，开展深入的学术研究，并通过发表学术论文、参与学术活动及博士论文答辩等环节，证明自身的学术能力。更重要的是，博士生要培养学术志趣，把对学术的热爱融入生命之中，把捍卫真理作为毕生的追求。博士生更要学会如何面对干扰和诱惑，远离功利，保持安静、从容的心态。学术精神，特别是其中所蕴含的科学理性精神、学术奉献精神，不仅对博士生未来的学术事业至关重要，对博士生一生的发展都大有裨益。

独创性和批判性思维是博士生最重要的素质

博士生需要具备很多素质，包括逻辑推理、言语表达、沟通协作等，但是最重要的素质是独创性和批判性思维。

学术重视传承，但更看重突破和创新。博士生作为学术事业的后备力量，要立志于追求独创性。独创意味着独立和创造，没有独立精神，往往很难产生创造性的成果。1929年6月3日，在清华大学国学院导师王国维逝世二周年之际，国学院师生为纪念这位杰出的学者，募款修造"海宁王静安先生纪念碑"，同为国学院导师的陈寅恪先生撰写了碑铭，其中写道："先生之著述，或有时而不章；先生之学说，或有时而可商；惟此独立之精神，自由之思想，历千万祀，与天壤而同久，共三光而永光。"这是对于一位学者的极高评价。中国著名的史学家、文学家司马迁所讲的"究天人之际，通古今之变，成一家之言"也是强调要在古今贯通中形成自己独立的见解，并努力达到新的高度。博士生应该以"独立之精神、自由之思想"来要求自己，不断创造新的学术成果。

诺贝尔物理学奖获得者杨振宁先生曾在20世纪80年代初对到访纽约州立大学石溪分校的90多名中国学生、学者提出："独创性是科学工作者最重要的素质。"杨先生主张做研究的人一定要有独创的精神、独到的见解和独立研究的能力。在科技如此发达的今天，学术上的独创性变得越来越难，也愈加珍贵和重要。博士生要树立敢为天下先的志向，在独创性上下功夫，勇于挑战最前沿的科学问题。

批判性思维是一种遵循逻辑规则、不断质疑和反省的思维方式，具有批判性思维的人勇于挑战自己，敢于挑战权威。批判性思维的缺乏往往被认为是中国学生特有的弱项，也是我们在博士生培养方面存在的一个普遍问题。2001年，美国卡内基基金会开展了一项"卡内基博士生教育创新计划"，针对博士生教育进行调研，并发布了研究报告。该报告指出：在美国和欧洲,培养学生保持批判而质疑的眼光看待自己、同行和导师的观点同样非常不容易,批判性思维的培养必须成为博士生培养项目的组成部分。

对于博士生而言,批判性思维的养成要从如何面对权威开始。为了鼓励学生质疑学术权威、挑战现有学术范式,培养学生的挑战精神和创新能力,清华大学在2013年发起"巅峰对话",由学生自主邀请各学科领域具有国际影响力的学术大师与清华学生同台对话。该活动迄今已经举办了21期,先后邀请17位诺贝尔奖、3位图灵奖、1位菲尔兹奖获得者参与对话。诺贝尔化学奖得主巴里·夏普莱斯(Barry Sharpless)在2013年11月来清华参加"巅峰对话"时,对于清华学生的质疑精神印象深刻。他在接受媒体采访时谈道:"清华的学生无所畏惧,请原谅我的措辞,但他们真的很有胆量。"这是我听到的对清华学生的最高评价,博士生就应该具备这样的勇气和能力。培养批判性思维更难的一层是要有勇气不断否定自己,有一种不断超越自己的精神。爱因斯坦说:"在真理的认识方面,任何以权威自居的人,必将在上帝的嬉笑中垮台。"这句名言应该成为每一位从事学术研究的博士生的箴言。

提高博士生培养质量有赖于构建全方位的博士生教育体系

一流的博士生教育要有一流的教育理念,需要构建全方位的教育体系,把教育理念落实到博士生培养的各个环节中。

在博士生选拔方面,不能简单按考分录取,而是要侧重评价学术志趣和创新潜力。知识结构固然重要,但学术志趣和创新潜力更关键,考分不能完全反映学生的学术潜质。清华大学在经过多年试点探索的基础上,于2016年开始全面实行博士生招生"申请-审核"制,从原来的按照考试分数招收博士生,转变为按科研创新能力、专业学术潜质招收,并给予院系、学科、导师更大的自主权。《清华大学"申请-审核"制实施办法》明晰了导师和院系在考核、遴选和推荐上的权力和职责,同时确定了规范的流程及监管要求。

在博士生指导教师资格确认方面,不能论资排辈,要更看重教师的学术活力及研究工作的前沿性。博士生教育质量的提升关键在于教师,要让更多、更优秀的教师参与到博士生教育中来。清华大学从2009年开始探索将博士生导师评定权下放到各学位评定分委员会,允许评聘一部分优秀副教授担任博士生导师。近年来,学校在推进教师人事制度改革过程中,明确教研系列助理教授可以独立指导博士生,让富有创造活力的青年教师指导优秀的青年学生,师生相互促进、共同成长。

在促进博士生交流方面,要努力突破学科领域的界限,注重搭建跨学科的平台。跨学科交流是激发博士生学术创造力的重要途径,博士生要努力提升在交叉学科领域开展科研工作的能力。清华大学于2014年创办了"微沙龙"平台,同学们可以通过微信平台随时发布学术话题,寻觅学术伙伴。3年来,博士生参与和发起"微沙龙"12 000多场,参与博士生达38 000多人次。"微沙龙"促进了不同学科学生之间的思想碰撞,激发了同学们的学术志趣。清华于2002年创办了博士生论坛,论坛由同学自己组织,师生共同参与。博士生论坛持续举办了500期,开展了18 000多场学术报告,切实起到了师生互动、教学相长、学科交融、促进交流的作用。学校积极资助博士生到世界一流大学开展交流与合作研究,超过60%的博士生有海外访学经历。清华于2011年设立了发展中国家博士生项目,鼓励学生到发展中国家亲身体验和调研,在全球化背景下研究发展中国家的各类问题。

在博士学位评定方面,权力要进一步下放,学术判断应该由各领域的学者来负责。院系二级学术单位应该在评定博士论文水平上拥有更多的权力,也应担负更多的责任。清华大学从2015年开始把学位论文的评审职责授权给各学位评定分委员会,学位论文质量和学位评审过程主要由各学位分委员会进行把关,校学位委员会负责学位管理整体工作,负责制度建设和争议事项处理。

全面提高人才培养能力是建设世界一流大学的核心。博士生培养质量的提升是大学办学质量提升的重要标志。我们要高度重视、充分发挥博士生教育的战略性、引领性作用,面向世界、勇于进取,树立自信、保持特色,不断推动一流大学的人才培养迈向新的高度。

清华大学校长

2017 年 12 月

丛书序二

以学术型人才培养为主的博士生教育,肩负着培养具有国际竞争力的高层次学术创新人才的重任,是国家发展战略的重要组成部分,是清华大学人才培养的重中之重。

作为首批设立研究生院的高校,清华大学自 20 世纪 80 年代初开始,立足国家和社会需要,结合校内实际情况,不断推动博士生教育改革。为了提供适宜博士生成长的学术环境,我校一方面不断地营造浓厚的学术氛围,一方面大力推动培养模式创新探索。我校从多年前就已开始运行一系列博士生培养专项基金和特色项目,激励博士生潜心学术、锐意创新,拓宽博士生的国际视野,倡导跨学科研究与交流,不断提升博士生培养质量。

博士生是最具创造力的学术研究新生力量,思维活跃,求真求实。他们在导师的指导下进入本领域研究前沿,吸取本领域最新的研究成果,拓宽人类的认知边界,不断取得创新性成果。这套优秀博士学位论文丛书,不仅是我校博士生研究工作前沿成果的体现,也是我校博士生学术精神传承和光大的体现。

这套丛书的每一篇论文均来自学校新近每年评选的校级优秀博士学位论文。为了鼓励创新,激励优秀的博士生脱颖而出,同时激励导师悉心指导,我校评选校级优秀博士学位论文已有 20 多年。评选出的优秀博士学位论文代表了我校各学科最优秀的博士学位论文的水平。为了传播优秀的博士学位论文成果,更好地推动学术交流与学科建设,促进博士生未来发展和成长,清华大学研究生院与清华大学出版社合作出版这些优秀的博士学位论文。

感谢清华大学出版社,悉心地为每位作者提供专业、细致的写作和出版指导,使这些博士论文以专著方式呈现在读者面前,促进了这些最新的优秀研究成果的快速广泛传播。相信本套丛书的出版可以为国内外各相关领域或交叉领域的在读研究生和科研人员提供有益的参考,为相关学科领域的发展和优秀科研成果的转化起到积极的推动作用。

感谢丛书作者的导师们。这些优秀的博士学位论文,从选题、研究到成文,离不开导师的精心指导。我校优秀的师生导学传统,成就了一项项优秀的研究成果,成就了一大批青年学者,也成就了清华的学术研究。感谢导师们为每篇论文精心撰写序言,帮助读者更好地理解论文。

感谢丛书的作者们。他们优秀的学术成果,连同鲜活的思想、创新的精神、严谨的学风,都为致力于学术研究的后来者树立了榜样。他们本着精益求精的精神,对论文进行了细致的修改完善,使之在具备科学性、前沿性的同时,更具系统性和可读性。

这套丛书涵盖清华众多学科,从论文的选题能够感受到作者们积极参与国家重大战略、社会发展问题、新兴产业创新等的研究热情,能够感受到作者们的国际视野和人文情怀。相信这些年轻作者们勇于承担学术创新重任的社会责任感能够感染和带动越来越多的博士生,将论文书写在祖国的大地上。

祝愿丛书的作者们、读者们和所有从事学术研究的同行们在未来的道路上坚持梦想,百折不挠!在服务国家、奉献社会和造福人类的事业中不断创新,做新时代的引领者。

相信每一位读者在阅读这一本本学术著作的时候,在吸取学术创新成果、享受学术之美的同时,能够将其中所蕴含的科学理性精神和学术奉献精神传播和发扬出去。

清华大学研究生院院长

2018 年 1 月 5 日

导师序言

城市是国家和地区的政治、经济、文化中心,也是交通、信息、网络枢纽。受全球气候变化影响,极端强降雨的频率、强度明显增加,城市洪涝灾害呈现趋多、趋频、趋强、趋广态势,越来越多的人口和财产被置于洪水威胁之下。城市雨洪模拟是理解城市水文循环、强化城市洪涝管理的重要手段,针对城市降雨-下垫面条件复杂,空间变异性显著的特点,深入理解城市水文过程及其尺度效应,研发城市雨洪精细化模拟技术,对进一步提高城市洪涝预报精准度、强化城市洪涝风险应对能力、推动城市韧性发展具有重要的理论意义与实用价值。

曹雪健博士聚焦城市雨洪模拟中建筑物表征方法、模型网格尺度效应、降雨空间分辨率效应等关键问题,利用水文气象精细化观测和物理过程模拟在居民区、校园、流域三个尺度下开展了系统的研究。揭示了建筑物尺度汇流过程对城市水文响应的影响机理和规律,深化了建筑物水文效应的科学认识。基于产汇流过程提出了城市雨洪模拟的次网格参数化方案,在保证精度的基础上提升了城市雨洪模拟的效率;基于高时空分辨率 X 波段雷达降雨监测数据,揭示了不同分辨率降雨输入对降雨时空特性表征及洪水过程模拟的影响;为科学布设立体化降雨监测体系提供了理论依据,为提高城市雨洪模拟精度做出了贡献。

本书全面介绍了上述的研究思路、采用的方法和模型及详细的结果分析,可为相关领域的师生和科研工作者提供有益参考。

清华大学水利水电工程系

摘　要

在极端降雨频发和城市化持续推进的背景下,越来越多的人口和财产被置于洪水的威胁之下。城市雨洪灾害已经演变为全球关注的焦点,城市雨洪模拟则成为学界研究的热点。但城市降雨-下垫面条件复杂,空间变异性显著,这对模拟的精细化程度提出了要求,也为模拟的准确性带来了未知的影响因素。而由此产生的诸如应当如何考虑关键的城市要素、如何对精细化模型网格科学地进行升尺度,以及地面雨量计应该被部署为多大的密度等一系列关键问题迫切需要回答。围绕上述问题,本书基于天空地高精度综合观测数据和成熟的城市雨洪模拟技术,在居民区($0.04\ km^2$)、清华大学校园(约$3.3\ km^2$),以及清河流域(约$200\ km^2$)等不同的城市水文尺度上开展了系统的工作,旨在强化城市精细化水文过程认识,提高城市精细化水文模拟能力。

研究发现:①建筑屋面微尺度汇流过程有助于降雨产流汇聚,继而增大集水区径流响应峰值,在特定降雨-下垫面条件下该增幅将接近10%,有必要在城市雨洪模拟中做具体考虑。②模型网格尺度的变化会影响地表汇流特性描述,继而改变洪水模拟结果,且在不同的降雨条件下表现出明显差异。模型关键汇流参数(透水区地表糙率和次网格汇流比例)具有显著的尺度(模型网格)依赖性,应根据特定网格尺度对汇流过程的具体描述计算确定。③低空间分辨率数据无法有效捕捉关键的降雨时空特性,继而将影响洪水模拟。总体来看,降雨数据空间分辨率降低会导致峰值流量的严重低估,具体低估程度则与所关注的水文尺度密切相关。以$\pm 20\%$作为径流模拟的最大允许偏差,排水片区和流域尺度分别要求降雨空间分辨率在$500\ m$和$10\ km$以上,而在街区尺度则至少要达到$300\ m$。④相比于降雨空间特性,降雨时间特性在洪水预报中更加重要。就洪水峰值的模拟而言,$30\ min$最大降雨强度是最为重要的降雨时空特性。本书进一步厘清了城市雨洪模拟中可能的不确定性来源,有助于科学推动精细化城市暴雨洪水模拟技术以成本-效益平衡的方式持续发展。

关键词:城市雨洪;精细化模拟;建筑物;尺度效应;降雨空间分辨率

Abstract

In the context of frequent extreme rainfall and continuous urbanization, increased population and property are put under the threat of flooding. Urban flooding has become a global concern, while urban stormwater modeling has become a hotspot for research. However, the condition of both rainfall and underlying surface in urban environments present extreme complexity and significant spatial variability, which calls for refined modeling technology and brings numerous unknown influence factors to flood forecasting simultaneously. Also, a range of questions, e. g. how to represent the key elements of urban, how to conduct spatial upscaling for the refined model grid cells scientifically, and what should be the rational density of rain gauge deployment, are still waiting for answers. Based on the comprehensive observation data from multiple sources and mature urban stormwater modeling technology, this book carried out systematic work on different urban hydrological scales [e. g. a neighborhood of 0. 04 km^2, the campus of Tsinghua University (about 3. 3 km^2), and the Qing river basin in Beijing (about 200 km^2)] concerning the above problems, aiming to strengthen the understanding of refined urban hydrological processes and enhance the capacity of refined urban hydrological simulation.

Results show that ① The microscale routing process on the building roof conduces to the convergence of runoff and thus increases the peak flow at the catchment outlet, which may approximate 10% under given conditions and deserves special attention in urban stormwater modeling. ② Changes in the spatial scale of model grid cells will affect the depiction of surface routing and then influence flood simulation. At the same time, the impacts on flood simulation show an obvious contradiction between heavy and light rainfall events. The key routing parameters (i. e. surface roughness of pervious area and subgrid routing percent) present obvious scale dependence, the value of which should be determined according to the surface routing characterization under the specific scale. ③ The data with coarse spatial resolution can not capture critical rainfall characteristics and will largely influence urban flood forecasting. In general, the decrease of rainfall spatial resolution leads to underestimated peak flow, while the underestimation degree is closely related to the hydrological scale of concern. Taking $\pm 20\%$ as the maximum permissible bias in discharge simulation, the spatial resolution of rainfall data should be higher than 500 m and 10 km at the district and catchment scale respectively, while at least 300 m for the block scale. ④ The temporal characteristics of rainfall are more important in flood forecasting compared to the spatial characteristics. For the simulation of flood peaks, the 30-minute maximum rainfall intensity is the most important rainfall characteristic. This book further clarifies the potential uncertainty in urban flood modeling and helps to enhance the technology of refined urban stormwater modeling in a cost-benefit-balanced way.

Keywords: urban stormwater; refined modeling; building; scale effects; rainfall spatial resolution

符号和缩略语说明

BCR　　　建筑覆盖率（building coverage ratio）

BRC　　　生物滞留单元（bio-retention cell）

CC　　　　相关系数（correlation coefficient）

DEM　　　数字高程模型（digital elevation model）

gUHM　　基于网格的城市水文模型（grid-based urban hydrological model）

GUI　　　图形用户界面（graphical user interface）

HWSD　　世界土壤数据库（harmonized world soil database）

IDF　　　强度-历时-频率（intensity-duration-frequency）

LID　　　低影响开发（low impact development）

MRR　　　屋面微尺度汇流（microscale routing on roof）

MSE　　　均方误差（mean square error）

NASA　　美国国家航空航天局（National Aeronautics and Space Administration）

NRMSE　归一化的均方根误差（normalized root mean square error）

NSE　　　纳什效率系数（Nash-Sutcliffe efficiency coefficient）

OSM　　　开放街道图（open street map）

P^{imp}　　　考虑汇流过程的有效不透水面积比例

P^{p}　　　　考虑汇流过程的透水区域汇流长度

P_r　　　　次网格汇流比例

QPE　　　定量降水估计（quantitative precipitation estimation）

RMSE　　均方根误差（root mean square error）

SIF　　　暴雨强度公式（storm intensity formula）

TIAR　　总不透水面积比例（total impervious area rate）

UIA　　　未直连排水系统的不透水区面积（unconnected impervious area）

目　录

第1章 绪 论

1.1 研究背景与意义

受全球变暖影响(王佳雯 等,2017),海陆热力差异进一步加剧,改变了大尺度环流结构,影响了水循环过程(宋晓猛 等,2013;张建云 等,2016),重塑了强降雨空间分布(You et al.,2011)。同时,温度的升高也增强了大气保持水分的能力(Trenberth,1998),使得极端降雨的频率和强度普遍增加(Goswami et al.,2006),尤其是在北半球的中高纬度区域(Alexander et al.,2006)。此外,随着社会经济的快速发展,大量人口涌入城市,迫使城区面积不断扩张以满足人们对基础设施和公共服务的更大需求,由此出现了显著的城市化现象。联合国人居署发布的《2016年世界城市状况报告》以全球120个城市为样本进行了统计分析,发现1990—2000年建成区面积增长率达到了28%。在全球气候变化和持续城市化的双重驱动之下,洪水灾害逐渐演变成最为频繁的自然灾害(Jha et al.,2012),而更多的人口和财产也暴露在了洪水的威胁之下(Smith et al.,2019;Tellman et al.,2021;程晓陶 等,2016)。

从全球来看,1970—2009年共发生洪水及风暴灾害事件约6200起,造成近百万人死亡和超过1.6万亿美元的经济损失(WMO,2013)。2008—2014年全球近1.9亿人因自然灾害无家可归,而其中的55%则与洪水灾害相关(Center and Council,2015)。2006—2016年洪水灾害在全球范围内造成的年均经济损失高达500亿美元,其中仅2016年洪水灾害导致的经济损失就达到600亿美元(Benfield,2016)。2021年7月,德国西部发生特大洪水,造成约180人因灾死亡,另有约150人失踪;同年9月,美国纽约由于飓风"艾达"过境出现了极端暴雨,洪水淹没了道路进而涌入地铁,导致美国地铁全线停运。就我国而言,许多城市同样饱受洪水侵扰,甚至深受其害(Du et al.,2019;姜灵峰,2018;李超超 等,2019)。2012年7月21日,北京及其周边地区突降61年来最强暴雨,暴雨所引发的洪涝灾害导致约80

人死亡,160万人受灾,经济损失达到116亿元。2016年7月6日,暴雨突袭湖北武汉,致使75.7万人受灾,造成了高达22.65亿元的直接经济损失(夏军 等,2017)。2021年7月17—23日,河南省遭遇历史特大暴雨,20个国家级气象监测站日降水量突破了历史极值,郑州20日16—17时降雨量达201.9 mm;洪涝灾害波及郑州、鹤壁和新乡等地,造成全省1478.6万人受灾,873.5千公顷农作物受灾,398人因灾死亡或失踪,直接经济损失高达约1200亿元。据2018年《中国水旱灾害公报》统计,21世纪以来我国因洪致死人数已经超过2万人,直接经济损失超过了3万亿元。以国内351座城市为样本,住房和城乡建设部针对2008—2010年的城市受淹情况进行了分析。结果表明,发生过洪涝灾害的城市占比超过了60%,更有约40%的城市发生三次以上,有57座城市的最长淹没时间达到了12 h。

由此可见,受全球气候变化和持续城市化影响(Miller et al.,2017;Pumo et al.,2017;Sofia et al.,2017),过去几十年极端暴雨事件明显增加,破坏性洪水发生频率显著升高(Oh et al.,2020;Slater et al.,2021;Smith et al.,2019;Westra et al.,2014;Yin et al.,2018),已经造成了巨大的经济损失和人员伤亡(Lyu et al.,2018a),引起了全球各地的广泛关注(Ashley et al.,2008;Paprotny et al.,2018)。更加重要的是,根据专家预测,到2030年发展中国家的城市人口将是现在的两倍,而建成区面积则将是现在的三倍(韩肖清,2019)。到2050年,全球人口将突破90亿,城市人口将达到63亿,且这种人口快速增长的现象在发展中国家将更为显著(Heilig,2012)。我国的城市化建设同样将进一步加速,以实现第三步战略目标(张建云,2012)。可以预见,未来随着人口和社会资产进一步聚集,洪水灾害的易损性必将进一步增大(Tanoue et al.,2016;Wing et al.,2020;程晓陶 等,2015),而洪水内涝也必将成为我国城市可持续发展中面临的一大痼疾(Chen et al.,2020;Hallegatte et al.,2013)。

由此可见在暴雨洪水日益频发的背景下,提高城市洪水风险应对能力,加强智慧水利、数字孪生和四预系统建设的重要性将进一步凸显(Acosta-Coll et al.,2018;李娜 等,2019b)。这就需要构建水安全全要素预报、预警、预演、预案的模拟分析模型,强化洪水演进等可视化仿真能力。而落在具体的城市片区或城市流域,高效准确的城市雨洪模拟技术便成为了关键。

1.2 国内外研究现状

1.2.1 城市雨洪模拟方法

科学合理的洪水风险管理需要结构性措施(强调防洪工程设施的建设)和非结构性措施(强调对人类活动行为的干预)共同发力(李娜 等,2019a),而城市雨洪模拟技术则是非结构性措施建设中不可或缺的关键一环。同时,城市雨洪模拟技术也是增进城市水文循环理解的重要手段。因此,不断发展城市雨洪模拟技术对现代化城市规划、城市可持续发展及城市应急管理均具有重要意义。相较于自然流域,城市流域在产流、汇流、排水等各个方面均呈现出不同的特点。在过去几十年的时间里,中外学者对城市雨洪模拟技术进行了广泛的探索和研究。总体而言,城市雨洪模拟的全过程主要包括三个步骤(胡伟贤 等,2010),首先是城市地表产流计算,其次是城市坡面汇流计算,最后是城市雨水管网及河道排水计算。

1. 城市地表产流计算方法

城市下垫面地表覆盖类型多样,空间分布破碎,存在着高度的空间异质性。就其类型而言,可分为透水面(如草地、灌木、乔木等)和不透水面(如建筑物、道路、不透水铺装等)两类。当前,统计分析法、下渗曲线法和模型法是城市产流计算中主流的三类方法。其中又以统计分析法中的 SCS 方法和下渗曲线法中的 Green-Ampt 方法与 Horton 方法应用最为广泛(宋晓猛 等,2014)。

2. 城市坡面汇流计算方法

城市下垫面高楼林立、道路纵横,人工设施众多,情况复杂。这也造成了城市下垫面复杂的汇流条件(Singh,1994;Singh et al.,1997)。所谓"坡面汇流计算",即采用系统概化的手段或完全基于物理过程用数学的方法对坡面净雨向排水区出口汇聚的过程进行定量描述。从计算原理的角度,城市坡面汇流方法包括水文学和水动力学两类。水文学方法以瞬时单位线法、等时流线法和非线性水库法等为代表,通常基于系统概化的方式建立输入-输出的关系。相关学者曾对现有基于水文学的坡面汇流计算方法进行了大量的对比分析,结果表明非线性水库法的表现相对更好(Kidd,1978;任伯帜 等,2006)。基于水文学原理的坡面汇流计算方法由于采用了概化手段,故可以在计算精度和计算效率之间达到较好的平衡(任伯帜,2004)。而水动力学方法则更加强调微观物理机制(梁瑞驹 等,1991),通过求解圣维南方程组或其简化形式对地表水流运动进行精细化的数学描述。但水动力学方法通常对计算的初始条件和边界条件有着严格的要求,同时在计算效率方面有明显降低(Mignot et al.,2006;申红彬 等,2016)。

3. 城市管网及河道排水计算方法

雨水管网及人工衬砌河道的密集分布是城市流域的一大显著特点。当前主流的城市排水计算方法同样可分为水文学和水动力学两类(岑国平,1990;岑国平 等,1995)。其中马斯京根法和瞬时单位线法是水文学方面的典型代表。但水文学方法难以考虑城市排水系统中回水、逆流等诸多复杂的水流现象,无法适应城市复杂排水系统的模拟需求。水动力学方法通过求解圣维南方程组对排水系统内的水流运动进行描述,根据对圣维南方程组简化程度的不同,可进一步细分为运动波方法、扩散波方法和动力波方法(张念强 等,2017)。运动波方法忽略了运动方程中的惯性项和压力项,计算相对简单,但不能考虑下游回水的影响,因此一般多用于大坡度管道的情况;扩散波方法简化程度次之,仅忽略了惯性项而保留了压力项,但依然无法解决环状管网的水流计算问题;动力波方法则是通过求解完整的圣维南方程组对水流运动进行计算,可考虑回水、逆流和各种复杂的入流条件(芮孝芳 等,2015)。

4. 国内外城市雨洪模型的发展

20 世纪 70 年代早期,美国一些政府机构通过集成各种产汇流及排水算法率先开发了能够模拟水量和水质的城市雨洪模型。20 世纪 90 年代,国内城市雨洪模型研发成果开始涌现(刘俊,1997;徐向阳,1998;周玉文 等,1997)。纵观城市雨洪模型的发展史,由简入繁依次经历了黑箱模型、概念性模型和物理性模型三个阶段(胡伟贤 等,2010;夏军 等,2018)。其中黑箱模型基于输入-输出间的经验关系进行预测,欠缺对物理过程的分析,在大多数场合无法满足城市防洪决策的要求。概念性模型以水量平衡原理为基础,可以更好地考虑水文响应的物理过程,大多具备分布式特征。分布式概念模型通常将研究区划分为若干个小的排水区,而每个排水区则作为一个计算单元,然后利用集总式概念性模型计算每个集水口的入流过程,最后通过雨水管网或河道汇流演算到研究区出口。由于分布式概念性模型在一定程度上考虑了物理机理,且一定程度上可以较好地考虑下垫面空间分布信息,所以自 20 世纪 70 年代起,其在城市排水设计和城市防洪规划等多个领域得到了广泛的应用(王小杰 等,2022)。物理性模型则以水动力学为基础,通过求解偏微分方程对水流运动进行推演(侯精明 等,2018b),具有较强的物理机制,但边界条件严格,且相对更加耗费计算资源。

总体来看,单纯的水文学方法难以准确描述城市管网水流和地表淹没;而单纯的水动力学方法则无法很好地考虑土壤的下渗作用。因此,综合利用水文学和水动力学方法,兼顾两者各自的优势发展水文水动力耦合的模拟技术成为城市雨洪模拟的必然选择。当前根据水文、水动力模型耦合机理的完善程度,耦合方法可分为三类:松散耦合、内部耦合、紧密耦合(徐宗学 等,2021)。其中松散耦合通常是将水文学模型模拟得到的流量过程作为水动力学模型的上边界或旁侧入流,对地表-管网-河道之间的水量交互机制做了较大概化(余富强 等,2019)。一般认为地表淹没是管网或河道节点溢流扩散的结果,当雨水管网及河道排水能力恢复后,溢流水量将再次回流到管网及河道。这种方法由于可操作性很强,因此也被广泛应用于城市雨洪管理的实践当中。紧密耦合是将水文和水动力学模型作为一个整体统筹考虑并联立求解。该方法在机理上最为完善,有利于更好地模拟城市复杂的洪涝过程,但方程组联立求解难度较大。内部耦合的技术复杂程度和过程概化程度则介于上述两者之间。

过去几十年间,国内外涌现出大量专业的城市雨洪模型(黄国如,2013;徐宗学 等,2021)。国外模型根据其开放程度可分为三类:商业化、半商业化和免费使用。其中,加拿大水力计算研究所开发的 PCSWMM 模型、英国 HR Wallingford 开发的 InfoWorks ICM 模型和丹麦水利研究所开发的 MIKE 系列软件是高度商业化模型的典型代表。美国弗吉尼亚州海洋科学研究所开发的 EFDC 模型和荷兰代尔夫特水力研究院开发的 Delft 3D 模型均只对其图形用户界面(graphical user interface,GUI)进行了商业化,属于半商业化模型。当前,国际上可免费使用的城市雨洪模型包括美国环境保护局开发的 SWMM 模型、美国陆军工程兵团水文工程中心开发的 HEC-RAS 模型和英国布里斯托大学开发的 LISFLOOD-FP 模型。国内学者同样研发了一系列代表性模型,例如大连理工大学于 2006 年发布的 HydroInfo 模型(张南,2018)、珠江水利科学研究院于 2007 年发布的 HydroMPM 模型(宋利祥,2019)、西安理工大学于 2013 年发布的 GAST 模型(侯精明 等,2018a)、中国水利水电科学研究院于 2015 年发布的 IFMS/Urban 模型(喻

海军 等,2018),以及华南理工大学于 2020 年发布的 IHUM 模型(黄国如等,2021)。

1.2.2 建筑物的模型表征

建筑物的大面积存在是城市区域的关键特点之一,也是城市雨洪模拟研究的一个重点(Chen et al.,2012;Huang et al.,2014;Isidoro et al.,2012;Lee et al.,2016;Zhou et al.,2016)。当前研究主要聚焦在建筑物对水流的阻塞效应,即建筑物的存在会改变由重力方向决定的地表径流方向。为了考虑建筑物的阻塞效应,国内外学者提出了各种方法,例如增加建筑物所在局部区域的粗糙度(Connell et al.,2001;Vojinovic et al.,2011)、移除建筑物所在位置的模拟网格(Chen et al.,2008;Russo et al.,2012;Vojinovic,2009)或是增加建筑物所在网格的底部标高(Brown et al.,2007;Cea et al.,2010;Leandro et al.,2016)。McMillan et al.(2007)在城市淹没模拟中评估了建筑物的阻塞效应,指出了在低分辨率模型网格中考虑建筑物特征的必要性。Lee et al.(2016)进一步证实了建筑物模型表征的重要性,强调建筑阻塞效应不仅会改变排水区出口的水文过程线,而且会影响积水的空间分布。

Yu et al.(2010)利用机载 LiDAR 数据和基于对象的方法对休斯敦市中心的建筑密度进行了评估,结果表明超过 40% 的地块建筑覆盖率(building coverage ratio,BCR)超过了 50%。Farreny et al.(2011)的研究则表明建筑屋面的高不透水性可以使 92% 的降雨直接转化为径流。由此可见,建筑物在阻碍地表水流的同时,其屋面产流也会对排水区出口贡献不可忽视的水量,继而影响城市水文响应过程。因此,除建筑物对水流的阻塞效应外,建筑屋面产流及其具体去向应当得到更多的关注。目前已有的研究均未细致地考虑屋面微尺度汇流过程,例如部分水力学模型直接不考虑屋面产流或强迫屋面产流沿地表最陡方向汇流,忽略了屋面微地形和墙侧雨落管的影响(Chen et al.,2008);部分水文学模型则是将建筑物、道路、不透水铺装等统一纳入子排水区的不透水区域而不做细分,或是将建筑物提取为单独的子排水区并为其分配一个特定的汇流出口(Park et al.,2008;Sun et al.,2014)。Leandro et al.(2016)和 Chang et al.(2015)在传统城市雨洪模拟方法的基础上进行了改进,迫使屋面产流通过雨落管进入管网排水系统。但现实情况中建筑物通常会配备多个雨落管,且在源头减排理念影响下越来越多的雨落管采取断接的方式将屋面降雨排入草地或其他低影响开发(low impact development,LID)措施,而非直排雨水管网 (Lee et al. ,2003;Voter et al. ,2018;Woznicki et al. ,2018)。

1.2.3 模型空间分辨率对城市雨洪模拟的影响

城市下垫面地表覆盖类型、土壤含水量等水文特征往往表现出显著的 空间异质性(Cantone et al. ,2011;Singh,1997;Zhou et al. ,2017),而复杂 的微地形变化则在此基础上进一步增加了城市地表汇流过程的复杂性。由 此可见,对于具有高度空间变异水文特性、高度复杂地表汇流路径的城市流 域,模拟其水文过程无疑是极具挑战性的(Leandro et al. ,2016;McPherson et al. ,1974;Rodriguez et al. ,2008;Salvadore et al. ,2015)。因此,为提供城 市下垫面的详细描述以捕捉城市关键要素的变化,高空间分辨率数据至关 重要(Petrucci et al. ,2014;刘璐 等,2019)。当前,包括土地利用、地形地 貌等在内的众多地理数据变得容易获得(Kim et al. ,2019;Liu et al. , 2018;Ozdemir et al. ,2013),可以为模型提供更多的细节。然而综合建模 效率、计算时间、高空间变异下的参数设置等多个方面(Chen et al. ,2012; Fatichi et al. ,2016;Shahed Behrouz et al. ,2020),某些情景下依然限制着 高分辨率模型的使用(Jan et al. ,2018;Wang et al. ,2020),例如大尺度城 市洪水实时预报、陆-气耦合模拟等(Cao et al. ,2020a)。

一般来说,模型空间分辨率的降低意味着对流域内各种水文地理要素 空间变异性刻画能力的降低。其本质原因在于,分辨率降低后每一个模型 网格单元对应了更大的现实区域和相应更加复杂的产汇流信息,但却无法 将其清晰地表征,最终只能以均值、最大值等高度概化的方式呈现。鉴于城 市地表覆盖类型高度破碎的空间分布,可以预见大多数网格内部必然存在 不同的地表覆盖成分,而每个网格内不同区域的产流又会通过向相邻区域 汇流继而引发径流入渗和径流填注的现象。例如某些网格单元所包含的地 表覆盖成分会兼具草坪与道路,那么草坪产流则可能会进一步汇入道路发 生径流填注(Voter et al. ,2018;Woznicki et al. ,2018);某些单元会同时 包含建筑物和草坪,建筑物屋面产流可能会通过雨落管排向草坪发生径流 入渗(Bai et al. ,2019;Palla et al. ,2015;Xiao et al. ,2007)。如果模型不 能很好地考虑这种次网格汇流过程,势必会给水文模拟结果带来影响。从 流域的尺度来看,虽然参数率定的方法可以使低分辨率模型在一些情况下 拥有较好的模拟表现,但对于缺资料或无资料地区这种方法显然不可实现。 为提高无资料城市地区的洪水模拟精度(Warsta et al. ,2017),首先需要厘清模型网格尺度如何以及在多大程度上影响洪水模拟。此外,通过武断地改变模型参数来强迫模型提供更好的结果通常是不科学的。因为模型参数具有很强的尺度(模型网格单元大小)依赖性,这也进一步强调了揭示尺度效应机理的必要性(Ichiba et al.,2018)。

1960年起,国内外学者开始认识到加强模型空间分辨率效应理解的重要性,相继开展了大量的研究(Amorocho,1961;Elliott et al.,2009;Minshall,1960;Warwick et al.,1993;Wood et al.,1988;Zaghloul,1981)。根据所采用的模拟方法,可归纳为基于排水分区划分的城市雨洪模拟研究和基于网格划分的城市雨洪模拟研究两类。对于第一类研究,大多将整个流域划分为多个子汇水区,然后通过对子汇水区进行聚集或进一步分解来构建不同的分辨率情景。Metcalf(1971)利用 SWMM 模型在美国诺斯伍德开展了研究,发现模型分辨率的降低会导致峰值流量的低估;但Krebs et al.(2014)和 Goldstein et al.(2016)的研究结果则表明低分辨率模型会导致峰值流量的高估。上述研究之所以得到了不一致的结论,主要原因在于不同分辨率情景下变化的不仅是子汇水区面积,还有排水管网的密度。子汇水区面积的变化会影响坡面汇流过程,而排水管网密度的变化则会改变流域排水能力和管道蓄水量。在两个因素的联合作用下,空间分辨率效应在不同的条件下将可能导致相反的影响(Ghosh et al.,2012)。基于排水分区划分的模拟方法虽然可以在一定程度上降低计算消耗、减少模型参数,但难以考虑城市地表复杂的汇流信息,难以满足日益增长的精细化模拟需求(Chao et al.,2019)。因此随着网格自动划分技术的成熟(Warsta et al.,2017)和计算能力的提高,基于网格的城市雨洪模型得到了越来越广泛的使用(Zhang et al.,1994)。但 Ichiba(2016)指出,基于网格的城市雨洪模型由于考虑了更加详细的地表水文信息,会对空间分辨率的变化表现出更高的敏感性,这一发现强调了开展上述第二类研究的必要性。与第一类研究不同,第二类研究通常不涉及管网密度的变化,洪水模拟结果的变化仅与网格划分大小(即模型分辨率)有关。Warsta et al.(2017)的研究表明空间分辨率提高会导致峰值流量和径流总量增加;但是 Ichiba et al.(2018)的结论却与此相反,他们发现空间分辨率提高反而会导致峰值流量和径流总量减少。

1.2.4　降雨空间分辨率对城市雨洪模拟的影响

在城市冠层热力学和动力学效应的共同作用下(Fowler et al.,2021;

Masson et al.，2020），城区降雨表现出高度的空间变异性（Peleg et al.，2018；Wright et al.，2014）。同时，城市流域不透水率高、地表覆盖成分复杂且具有人工排水系统，水文响应对降雨的变化往往十分敏感（Berne et al.，2004；Peleg et al.，2017）。因此精细化降雨信息对城市洪水模拟就变得尤为关键（Fowler et al.，2021；Masson et al.，2020；Vos et al.，2018；田富强 等，2021）。Niemczynowicz（1988）更是指出缺乏短历时降雨足够的空间分布信息是城市雨洪模拟一直以来最重要的误差来源。过去的几十年，得益于新技术（特别是天气雷达）的发展，降雨定量估计技术取得了长足的进步（Leijnse et al.，2007；Otto et al.，2011；Van de Beek et al.，2010），其被广泛应用于城市水文学研究（Einfalt et al.，2004；Thorndahl et al.，2014）。然而获取高分辨率降雨信息总是有代价的，更重要的是某些情况下一味提高降雨空间分辨率未必能持续改善雨洪模型的表现。因此有必要深入理解降雨空间分辨率的影响规律和精细化观测的现实意义（Cristiano et al.，2017）。

　　20 世纪 90 年代，Schilling（1991）提出一个发人深省的问题：“对于城市水文学，我们究竟需要什么样的降雨数据？”并指出回答这个问题需要气象界和水文界的共同努力。在降雨观测技术快速发展的驱动之下，科学家们首先通过分析分辨率变化导致的降雨描述偏差来推测城市水文对降雨数据的需求（Einfalt et al.，2004；Fabry et al.，1994）。随后，Berne et al.（2004）利用统计的方法，综合降雨观测和径流资料在六个不同的城市流域研究了降雨的空间分辨率需求，但仍然没有使用城市雨洪模型。2010 年后，依托城市雨洪模型的分析方法开始浮现。例如，Notaro et al.（2013）使用雨量计降雨观测驱动半分布式城市水文模型，在意大利一个 0.7 km^2 的城市流域分析了降雨空间分辨率的影响；该研究认为 1.7 km 是城市水文应用中关键的降雨空间分辨率。Gires et al.（2014）以 C 波段雷达降雨观测数据（空间分辨率为 1 km）为模型驱动，分别检验了降雨空间分辨率变化对半分布式和全分布式城市雨洪模型的影响；结果表明，相对于半分布式模型，全分布式模型对降雨空间分辨率表现出更高的敏感性。作者建议未来的研究有必要使用具有更高空间分辨率的 X 波段天气雷达数据，以更好地揭示精细化降雨观测的价值。因此 Bruni et al.（2015）基于 X 波段雷达定量降水估计（quantitative precipitation estimation，QPE）产品构建了具有不同空间分辨率的气象驱动场，在欧洲一个 3.4 km^2 的城市流域重新审视了降雨空间分辨率对城市雨洪模拟的影响；结果再次强调了精细化空间降雨观测对重现城市水文响应过程的重要性。同年,Ochoa-Rodriguez et al. (2015)开展了类似的工作,但将研究扩展到了七个相似大小(3~7 km²)的城市流域,旨在为高分辨率 QPE 产品的价值提供更多证据;研究发现降雨空间分辨率的影响会随着流域区面积的增加而减小。

1.3　已有研究的不足

由上述国内外研究现状可见,近年来城市雨洪模型的发展取得了巨大进步,精细化模拟的相关问题受到了广泛关注,对下垫面特征描述及降雨驱动带来的影响获得了一些基本的认识,但仍然存在以下几个方面的不足:

1. 城市水文学、水力学计算模块及其耦合技术已经较为成熟,可以满足河道洪水和地表积水模拟的基本需求,但针对精细化模拟具体需求的研究依旧缺乏,尚未考虑屋面微尺度汇流过程对集水区水文响应的影响。

2. 开展精细化城市雨洪模拟的必要性已经成为共识,但就模型网格尺度变化对雨洪模拟的影响仍然存在不一致的结论,且缺乏对其影响机理的认识。

3. 降雨空间分辨率不足是城市雨洪模拟误差的主要来源之一,需基于精细化降雨监测和雨洪模型,进一步厘清不同尺度下降雨数据空间分辨率对城市雨洪模拟的影响和相关机理。

1.4　本书研究思路及主要内容

为进一步提高城市暴雨洪水模拟精度,满足城市应急管理对风险预报精细化、精准化、高效化日益增长的需求,本书围绕精细化城市暴雨洪水模拟开展了系统的研究。图 1.1 展示了具体的研究思路和主要内容。

本书共 6 章,第 1 章阐述了研究的背景和意义,从城市雨洪模拟方法、建筑物的模型表征、模型空间分辨率的影响及降雨空间分辨率的影响四个方面梳理了国内外研究现状和不足,同时给出了本书的组织架构和研究思路。第 2 章提出了一种基于网格的精细化城市雨洪模拟方法,可考虑从屋面到地面、到排水管网、再到河网的立体化城市排水结构,具备精细化降雨驱动耦合功能,可实现对地表产流、坡面汇流、管渠排水和地表淹没等多个过程的模拟,这是后续研究的重要技术工具。第 3~5 章以精细化城市雨洪模拟为主线,从下垫面水文过程和降雨驱动数据两个方面开展了具体的理论分析。其中第 3 章聚焦城市建筑物这一具体对象的模型表征,通过在传统模型基础上引入建筑屋面层,尝试以更加精细的方式开展城市雨洪模拟,继而揭示不同条件下建筑屋面微尺度汇流过程对集水区水文响应的影响。第 4 章则不再局限于建筑物这一具体对象,而是系统考虑复杂汇流条件下整个集水区的雨洪模拟方法。重点探究模型网格尺度变化对城市雨洪模拟的影响规律、影响机理以及参数升尺度适应方案,以期通过将精细化汇流信息反映在低分辨率模型的关键汇流参数上,从而提高其模拟精度。从"如果拥有了精细化的城市雨洪模型,还需要对降雨驱动数据提出什么要求"这一问题出发,以第 3~4 章的认识为基础,第 5 章开展了 X 波段双偏振雷达测雨对城市雨洪模拟的贡献研究,依次回答了降雨空间分辨率对城市洪水模拟的影响、雷达降雨到径流模拟的偏差传播规律、不同水文尺度下的降雨空间分辨率阈值,以及降雨时空特性的重要性排序等若干重要问题。第 6 章总结了本书主要的研究成果和创新点,同时指出了研究的不足,展望了未来研究方向。

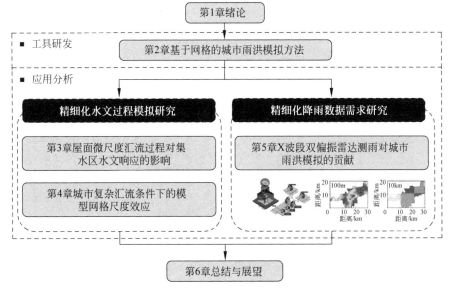

图 1.1　本书研究思路和主要内容

第 2 章　基于网格的城市雨洪模拟方法

城市雨洪模拟技术是城市洪水应急管理的关键支撑,也是开展城市水文研究的有效方法。面向城市雨洪模拟,本章研发了一种基于网格的城市水文模型（grid-based urban hydrological model,gUHM）,并围绕模型原理、数据需求、参数设定和应用案例 4 个方面做了具体阐述。

2.1　城市产汇流过程

相比于自然流域,城区产汇流过程具有自然-社会二元特性（王浩 等,2021）,一般来讲更为复杂。一方面,城市下垫面地表覆盖成分复杂,不仅包含草地、灌木、乔木等可透水的自然成分,也包含建筑物、道路、广场等大量不可透水的人工成分。这意味着城市下垫面产流机制将势必表现出显著的空间变异性。另一方面,城市下垫面微地形复杂,雨落管、路边石和下凹绿地等城市元素的存在使得透水区域和不透水区域之间形成了复杂的连通关系。此外,建筑物对地表水流的阻碍,以及雨水管道对地表水流的疏导,进一步加剧了城市区域汇流过程的复杂性。图 2.1 展示了城市区域基本的汇流过程:首先,屋面降雨受到屋面微地形影响,通过建筑物侧面雨落管集中排放至地面,与地表产流汇合。其次,水流根据地形地势进行坡面汇流,期间可能受到建筑物或其他设施阻挡而改变流动方向,直到汇入道路;再次,沿着道路坡度做进一步汇流（两侧的路边石将道路塑造成了良好的排水渠道）。当水流遇到雨水篦子,则会以堰流或孔流的方式进入雨水管道,开始管网汇流。最后,水流通过排水管道进入河道、湖泊等受纳水体。需要注意的是,暴雨条件下管网通常会因为排水负荷逼载或受到河道水位顶托而发生溢流,在道路上形成积水。若无人工干预,地表积水将持续累积,直到管网排水能力恢复到一定程度。大暴雨条件下,地表-管网间水流的交互是城市区域典型的汇流现象。

综合来看,城市产流过程具有显著的空间变异性,汇流过程具有极端的复杂性。因此,要抓住城市产汇流关键要素,准确地反映城市水文响应过程,建立一套精细化城市雨洪模拟方法十分必要。

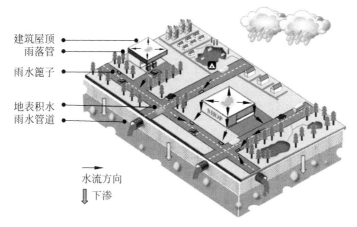

建筑屋顶
雨落管

雨水篦子

地表积水
雨水管道

水流方向

下渗

图 2.1　城区立体化汇流过程示意图

2.2　gUHM 模型

2.2.1　模型原理

鉴于城市产汇流过程高度的空间变异性,gUHM 模型采用了基于精细化规则网格的下垫面离散模式。每个网格细分为透水区域和不透水区域,并以面积加权的方式综合考虑所有的地表覆盖类型(如森林、农田、城市等)信息。对于透水区域,需通过从降雨中扣除下渗和填洼截留水量得到区域产流;对于不透水区域,则只需考虑填洼截留水量。对透水和不透水区域产流分别进行坡面汇流演算,继而叠加得到网格单元出口的流量过程。

1. 模型结构

鉴于城区立体化汇流过程,模型结构沿用了以往被广泛采用的多层次排水理念(Li et al.,2016;Lyu et al.,2018b;Pan et al.,2012;潘安君 等,2012),在垂向上依次考虑屋顶、地面、管网与河道 4 个层次,相应设定建筑物、地表、管网与河道 4 大类模型网格单元。

(1)建筑物单元

建筑物单元特指地表覆盖成分以建筑物为主的网格单元。建模时需根据实际情况对该类网格的高程信息进行前处理,在确保建筑物发挥阻水效应的同时考虑屋面微地形对水文响应过程的影响。

(2)地表单元

地表单元是最基本的模型计算单元,单元产流根据下垫面高程变化汇入下游网格单元。具体汇流方向由 D8 算法(Gangodagamage et al.,2011;Passalacqua et al.,2010)计算确定。根据研究需求和数据的可得性,地表单元可进一步细分为道路地表单元和非道路地表单元。这种情况下,应具有完善的路网数据和详细的雨水篦子空间分布数据。通过将道路概化为以两侧路边石为边界的开放明渠,并根据模型网格单元尺度设置道路节点,以强化考虑道路的排水作用。这时非道路地表单元依然延续上述地表单元的汇流规则,道路地表单元产流则直接汇入道路节点。道路节点流量将会被进一步分配到邻近的雨水篦子,随后进入雨水管道。相比 REDUS 模型(吕恒,2018)基于所在网格确定三节点(道路节点、雨水篦子节点和管道节点)汇流拓扑关系的方法,gUHM 模型采用最邻近法确定特定雨水篦子节点所对应的道路节点和管道节点,这在很大程度上解决了不同模型网格尺度下排水系统汇流关系不一致的问题。

(3)管网单元及河道单元

管网单元及河道单元特指雨水管道及河道经过的单元,单元产流直接汇入相应的管道节点或河道节点。网格单元的优先级从高到低依次为河道单元、管道单元、建筑物单元和地表单元。即如果某一网格既属于地表单元又属于河道单元,则判定为河道单元。

值得注意的是,传统城市雨洪模拟方法需基于数字高程模型(digital elevation model,DEM)数据对建筑物、道路及河道的轮廓进行刻画。已有研究表明,10 m,5 m,甚至精细到 2 m 的 DEM 仍然无法将这些关键特征很好地刻画出来(Muthusamy et al.,2021)。以道路为例,考虑到路缘石的尺寸通常在分米级,因此即使是 2 m 的 DEM 数据依然会模糊道路边缘。为解决这一问题,gUHM 模型综合利用精细化的地表覆盖类型数据和开放街道图(open street map,OSM)数据集,对建筑物、道路、河道等关键城市要素进行提取,继而对建筑物所在区域地表高程进行处理,并将道路、河道概化为排水明渠,这有利于在 DEM 数据空间分辨率有限的条件下获得更高的模拟精度,对大尺度城市地区的暴雨洪水模拟则具有更加重要的意义。

2. 模型算法

gUHM 模型包括地表产流、坡面汇流、管渠排水和地表淹没 4 个计算模块(见图 2.2)。

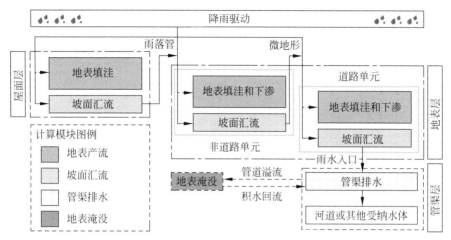

图 2.2　模型计算模块及其拓扑关系(前附彩图)

(1) 地表产流模块

地表产流模块以式(2-1)所示水量平衡原理为根本遵循,考虑降雨、蒸发、下渗和径流 4 个水文要素。其中降雨信息为外部输入条件,通过气象站、雨滴谱仪和天气雷达观测获得;蒸发在强降雨条件下一般可以忽略,可将其设置为零;下渗过程采用 Green-Ampt 方法(Brakensiek et al. ,1977;Green et al. ,2015)进行模拟,假设土壤层存在一个锋利的干湿交界面,其上、下两个部分分别为湿润状态和干燥状态。随着下渗的进行,这个界面会逐渐下移,下渗能力也会逐渐降低。式(2-2)展示了瞬时下渗强度的计算方法。

(2) 坡面汇流模块

坡面汇流模块采用非线性水库法(Rossman et al. ,2016),认为坡面径流受到坡面糙率、坡度、坡面长度以及坡面水深等多个因素共同控制,呈现出如式(2-3)所示的高度非线性关系。

$$\frac{\partial d}{\partial t} = p - e - f - q \tag{2-1}$$

$$f = K_s \left(\frac{d + L_s + \psi_s}{L_s} \right) \qquad (2\text{-}2)$$

$$q = \frac{W S^{1/2}}{A_c n} (d - d_s)^{5/3} \qquad (2\text{-}3)$$

式(2-1)～式(2-3)中，d 为蓄水深度(m)；t 为时间(s)；p 为降雨率(m/s)；e 为蒸发率(m/s)；f 为下渗率(m/s)；q 为单位面积径流流量(m/s)；K_s 为饱和导水率(m/s)；L_s 为饱和层厚度(m)；ψ_s 为湿润峰面的毛细吸力水头(m)；n 为汇水区曼宁系数；W 为汇水区宽度(m)；d_s 为最大洼地蓄水深度(m)；S 为汇水区坡度；A_c 为汇水区面积(m^2)。

(3) 管渠排水模块

管渠排水模块采用动力波算法，通过求解完整的一维圣维南方程组对道路、管网及河道的排水过程进行模拟，以充分考虑逆流、回水、环流等各种水力状况，如式(2-4)和式(2-5)所示。

$$\frac{\partial A}{\partial t} + \frac{\partial Q}{\partial x} = 0 \qquad (2\text{-}4)$$

$$\frac{\partial Q}{\partial t} + \frac{\partial (Q^2/A)}{\partial x} + gA \frac{\partial H}{\partial x} + gAS_f = 0 \qquad (2\text{-}5)$$

式中，x 为沿水流方向的距离(m)；t 为时间(s)；A 为过水断面面积(m^2)；Q 为出流量(m^3/s)；H 为管内水深(m)；S_f 为阻力坡度(单位长度上的水头损失)；g 为重力加速度(m^2/s)。

(4) 地表淹没模块

地表淹没模块用于模拟排水管道(或河道)溢流后水体在地表的演进过程，可根据研究需要选择打开或关闭。gUHM 模型采用规则的矩形网格对选定的淹没模拟区域进行离散，在每个矩形网格的中心生成二维节点，不同节点间通过明渠相连。为确保连续性方程成立，需要使网格内明渠面积总和等于网格面积。沿矩形网格的 4 个方向(垂直于边的方向)分别构建完整的一维圣维南方程组，采用迭代法和有限差分法进行求解，实现水体在地表二维流动的模拟。

图 2.2 展示了不同模块间的数据交换关系。首先，降雨数据将驱动地表产流模块为坡面汇流模块提供单元蓄水深度信息；反过来，坡面汇流模块则基于单元蓄水深度为地表产流模块提供地表径流信息，服务于下一时刻的单元蓄水深度计算。同时对于道路、管网、河道单元，坡面汇流模块所得地表径流信息将进入管渠排水模块进行一维水动力演算。若排水系统

(管网和河道)发生溢流,溢流数据将进入地表淹没模块进行地表二维流动演算。而当管网河道的排水能力恢复后,地表溢流水量将回流排水系统,即管渠排水模块与地表淹没模块间存在双向的数据交互。

2.2.2　数据需求

从模型搭建到运行再到结果检验,共需 3 类数据:降雨驱动数据、地理分布数据和水文观测数据。考虑到现实降雨显著的空间变异性和城市水文响应对降雨条件变化的高度敏感性,除支持气象站和雨滴谱仪点降雨数据外,gUHM 模型还提供了耦合高分辨率天气雷达网格降雨产品的功能。城市内常用的降雨观测设备包括:雨量计、雨滴谱仪和天气雷达。

地理分布数据用于反映研究区下垫面产汇流条件,是模型搭建的基础数据,主要包括地表高程数据、地表覆盖数据、土壤类型数据和排水系统数据。其中,地表高程数据包含了地形地势及局部微地形的变化信息,可为地表汇流方向和地表坡度的计算提供依据;地表覆盖数据包含了乔木、灌木、草地、水体、建筑物、道路等不同下垫面类型的面积和空间分布信息,可为地表糙率、不透水率等模型关键参数的计算提供依据;土壤类型数据包含了不同类型土壤的空间分布信息,负责为模型下渗参数的计算提供参考;排水系统数据包括路网、雨水管网、河网的尺寸和平面分布信息,以及河湖闸坝和抽水泵站的相关信息。但受到保密制度等一系列因素的影响,完整的排水系统数据一般难以获取,需要进行不同程度的概化。

水文观测数据包括河道流量数据、河道水位数据和地表积水数据 3 类,用于模型参数的率定和模拟结果的检验,是改善模型表现、提高结果可信度的重要数据支撑。

2.2.3　参数设定

科学地设定参数是分布式城市水文模型应用前的关键一步(Sun et al.,2012)。gUHM 模型的重要参数包括:单元特征宽度、单元坡度、单元不透水率、地表糙率、排水系统各组分的糙率、土壤饱和导水率等。考虑到gUHM 模型采用基于规则矩形网格的离散方法,单元特征宽度直接设定为网格大小,单元坡度根据地表高程数据计算确定。排水系统各组分(道路、管网及河道)的糙率根据其材质进行确定。不透水率、地表糙率及土壤饱和导水率等产汇流参数通过综合考虑网格单元内所有地表覆盖成分和土壤成分的比例,采用面积加权的方法计算确定。历史研究表明,下渗相关参数

(如饱和导水率、湿润峰处的土壤吸力、土壤初始缺水率等)是城市雨洪模拟中的敏感参数(Krebs et al.,2013)。为进一步提高模型的可靠度,需针对水文观测数据在初定的参数方案之上、在经验范围之内,对模型的敏感参数进行率定并验证结果,最后确定一套最优的参数方案。

2.2.4　应用案例

在理想的实验场景之外,本书将 gUHM 模型在两个不同尺度的城市流域进行了现实应用:①清华大学校园(约 3.3 km^2);②北京市清河流域(约 200 km^2)。下文初步介绍了研究区概况,并展示了模型功能及部分模拟结果。

1. 清华大学校园

清华大学位于北京市海淀区东部,校园面积约 3.3 km^2,校园内部已经形成了完善的水文气象观测体系(见图 2.3(a))。水文监测方面包括 3 台河道流量计、4 个管道流量计和若干积水传感器;气象监测方面包括 7 个微型气象站、1 台雨滴谱仪和 1 台天气雷达。这为校园城市水文模型降雨驱动数据的获取、敏感参数的确定以及模拟效果的检验提供了重要保障。

考虑校园内雨水管道与道路所构成的双排水系统,gUHM 模型基于高分辨率地表覆盖类型数据对道路图层进行了单独提取,并将其作为开放明渠处理(Cao et al.,2020a; Cao et al.,2019)。模型共包括 3866 个节点,4087 条管段/路段/河段,如图 2.3(b)所示(底图颜色反映了模型网格单元的不透水率水平,其中红色代表高不透水率、绿色代表高透水率)。图 2.3(c)展示了雨滴谱仪降雨数据驱动下校河出口处流量过程的模拟结果。

2. 北京市清河流域

清河流域位于北京市中心城区北部,面积约为 200 km^2。该流域同样具备了较好的水文气象监测基础:包括两部 X 波段双偏振天气雷达和多台空间上近乎均匀分布的地面气象站。此外,清河流域下游布有水文观测站,可为模型率定和验证提供必要的观测数据。相比于清华大学校园 gUHM 模型,清河流域 gUHM 模型耦合了 X 波段双偏振天气雷达降雨观测,且在河道流量模拟之外进一步尝试了地表淹没过程模拟(曹雪健 等,2022)。曹雪健等(2022)展示了清河流域 2017—2018 年 7 个典型降雨个例下最大积

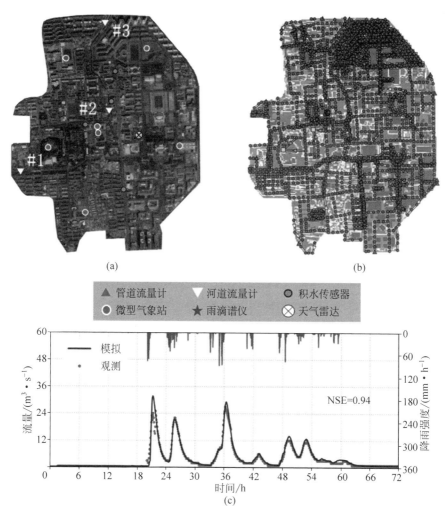

图 2.3　清华大学校园模型应用情况(前附彩图)

(a) 水文气象监测系统;(b) gUHM 模型;(c) 河道流量监测点♯3 处的流量过程模拟结果

水空间分布的模拟结果。可以发现积水主要分布在道路和具有蓄滞洪功能的低洼绿地,同时与降雨的空间分布密切相关。

2.3　本 章 小 结

　　本章研发了一种基于精细化网格离散的城市雨洪模拟方法(gUHM),提出了考虑从屋顶→地表→道路→管网→河道的多层次城市排水结构模型表征方案,一定程度上摆脱了 DEM 数据空间分辨率不足的限制,平衡了城市复杂特性把握和模型实现的关系,有利于在兼顾效率的前提下进一步提高地表产流、坡面汇流、管渠排水及地表淹没等多个过程的模拟精度。此外,该模型提供了耦合精细化降雨驱动的功能,这为后续章节的研究提供了重要的技术工具。

第3章 屋面微尺度汇流过程对集水区水文响应的影响

建筑屋面的"微地形"会引导雨水通过雨落管到达地面,在短时间内将屋面降雨的平面分布转化为雨落管所在位置的集中分布。尽管建筑物作为城市地区的一大主要特征而广泛存在,但对于建筑屋面"微地形"所引发的小微尺度[①]汇流现象,在城市水文模拟中依旧缺乏关注,对于屋面微尺度汇流(microscale routing on roof,MRR)过程是否以及如何影响集水区水文响应等一系列问题尚不清楚(Cao et al.,2021)。因此本书以gUHM 模型为基础,在融合 9 种下垫面条件和 27 种降雨条件的 243 种组合情景下,通过强化建筑物屋顶层模型表征从多个维度定量评估了 MRR过程对集水区水文响应的影响,旨在增强对建筑物在城市水文过程中作用的理解,揭示将 MRR 过程纳入城市雨洪模拟的必要性。本章将具体回答以下 3 个问题:①MRR 过程在城市水文模拟中是否可以忽略;②如果不可以,MRR 过程将在多大程度上改变城市水文响应;③MRR 过程的水文影响机制。为回答上述问题,本章 3.1 节首先对研究方法进行了详细介绍,包括下垫面情景的设置、强化建筑物屋顶层表征的模型设置、降雨情景设置和水文影响评价方法;3.2~3.3 节就 MRR 过程对水文响应的影响程度、影响规律和影响机制进行了具体分析和讨论;3.4 节对本章的发现进行了总结。

3.1 研究方法

3.1.1 下垫面情景设置

为全面揭示 MRR 过程的水文效应,本书通过考虑不同建筑物空间格

---

① 对小微尺度的界定来源于范舒欣等(2021)和刘雅莉等(2019),后文简称为"微尺度"。

局和不同景观措施类型,在 0.04 km^2 的居民区尺度内设计了 9 种下垫面土地开发情景,具体见表 3.1。所有下垫面土地开发情景均基于一块被环形道路包围的空间,雨水管道全部埋设于道路之下。参照北京市建筑物空间分布规律(李丽华 等,2008),不同开发情景下建筑物密度统一设置为 33%。为兼顾研究目的和实施的可行性,该研究假设所有建筑物均为规则矩形,且所有雨落管均安装在建筑物拐角处。所有的下垫面土地开发情景中,包含 3 种建筑物空间分布格局:单体建筑、四建筑群和十六建筑群,如图 3.1 所示;包含 3 种景观措施类型:不透水铺装、草坪和生物滞留单元(bio-retention cell,BRC)。其中,不透水铺装不具备下渗能力,只能在降雨初期以填洼的方式截留少量的雨水;草坪兼具渗透和雨水滞蓄能力;BRC 作为一种典型的低影响开发措施,具有包括表面层、土壤层和蓄水层在内的多层结构,与草坪和不透水铺装相比表现出更强的径流调节能力(Lim et al.,2017;Woznicki et al.,2018)。图 3.2 以四建筑群情景为例展示了景观措施的空间布置,考虑到建筑物前方通常需要预留车道空间,因此仅围绕建筑的 3 个侧面布置景观。假设研究区总的地势为西北高于东南,即总出水口位于东南角,如图 3.1 所示。若不考虑MRR 过程,屋面产流和大部分地表产流的汇流方向为西北流向东南。但在局部区域,建筑物的阻塞效应和雨水管道的收纳效应会对流场产生扰动,如图 3.1(a)～(c)所示。受建筑物阻塞效应影响,建筑物上游水流会分流到两个方向对建筑物进行绕流;同时考虑到道路下方均布设了雨水管线,故道路产流在地表进行短距离汇流后将到达雨水篦子并被纳入管道排水系统进行管网汇流。在考虑 MRR 过程的情况下,屋面产流将首先流向各个雨落管,继而落到地面,如图 3.1(d)～(f)所示。屋面产流落到地面后,将沿着地表地形地势进行汇流直至到达排水系统,最后由管网排出。

表 3.1　下垫面土地开发情景设置

编　　号	下垫面情景	描　　　　述
1	Sin_pav	单体建筑＋不透水铺装
2	Low_pav	四建筑群＋不透水铺装
3	Hig_pav	十六建筑群＋不透水铺装
4	Sin_law	单体建筑＋草坪

续表

编　　号	下垫面情景	描　　述
5	Low_law	四建筑群＋草坪
6	Hig_law	十六建筑群＋草坪
7	Sin_BRC	单体建筑＋生物滞留单元(BRC)
8	Low_BRC	四建筑群＋生物滞留单元(BRC)
9	Hig_BRC	十六建筑群＋生物滞留单元(BRC)

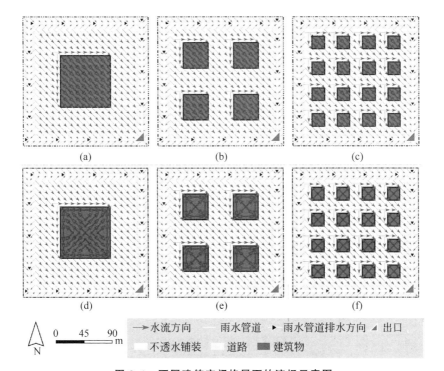

图 3.1　不同建筑空间格局下的流场示意图

(a)、(b)和(c)未考虑 MRR 过程;(d)、(e)和(f)考虑 MRR 过程

3.1.2　模型构建

基于上述不同下垫面情景分别构建 gUHM 模型。由于研究区域内没有河道,故模型在垂直方向上只需考虑屋面、地表和管道 3 个层次。具体产汇流计算方法和汇流关系详见第 2 章内容,这里不再赘述。为了更好地反映现实,同时提高研究的可行性,这里将 gUHM 模型的模拟时间步长设置

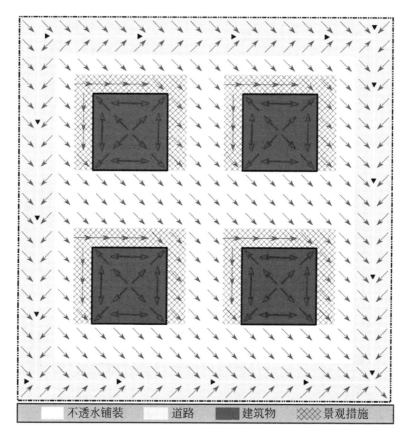

图 3.2　景观措施空间布置示意图

注：以四建筑群空间格局为例，箭头表示水流方向。

为 1 min，并做了两项基本假设：①假设装配在建筑物拐角处的雨落管具有足够的排水能力，无雨水从屋顶溢出；②假设建筑屋面产流通过雨落管到达地面的时间可以忽略。以往研究表明，清华大学校园不透水面占比高、河道管网分布密集、产汇流条件复杂，具有明显的城市化特征（Cao et al.，2020a；Cao et al.，2019）。本研究以清华大学校园水文地理条件为基本参考，综合考虑城市流域的普遍水文特征并参考相关城市水文研究成果，对模型参数进行了设置。其中，模型网格单元坡度统一设置为清华大学校园坡度的平均值；认为 0.04 km² 范围内，土壤类型无明显变化（Zhang et al.，2019），统一设置为下渗能力适中，且比较常见的粘壤土类型；地表、道路和雨水管相关水文、水力学参数以清华园参数为基础(Cao et al.,2020a),以其他相关研究所用参数为校核进行设定(Awol et al.,2018;Chen et al.,2017)。考虑到混凝土铺装相比于沥青道路通常更加平滑,因此认为其具有更小的粗糙度和更少的地表填洼量。BRC 各层所涉及的水文参数参考以往的研究进行设置(Mei et al.,2018;Palla et al.,2015;Rossman,2010)。表 3.2 总结了不同下垫面地表覆盖类型的模型参数设定。

表 3.2　不同下垫面地表覆盖类型的模型参数取值

地表覆盖类型	坡度/%	n	填洼量/mm	$K_{sat}/(\mathrm{mm \cdot h^{-1}})$
屋面	2	0.012	1	—
混凝土铺装	1	0.012	1	—
沥青道路	2	0.015	1.5	—
草坪	1	0.15	5	1

注:n 和 K_{sat} 分别表示曼宁系数和土壤饱和导水率。

3.1.3　降雨情景设计

城市水文响应过程对降雨条件的变化十分敏感(Chao et al.,2018),本书综合考虑降雨强度、降雨历时和峰值系数的变化,设计了 27 种降雨情景,以更加全面地认识 MRR 过程的城市水文效应。区域暴雨强度公式(storm intensity formula,SIF)可提供暴雨强度与降雨历时和发生频率之间的关系(Qiang et al.,2011;Yao et al.,2016),即强度-历时-频率(intensity-duration-frequency,IDF)关系:

$$p = 12.004 \times \frac{(1 + 0.81 \times \lg P)}{(t + 8)^{0.711}} \tag{3-1}$$

式中,p 表示降雨强度(mm/min);t 表示降雨持续时间(min);P 表示降雨重现期(a)。基于北京地区 SIF,首先计算得到了不同降雨历时和重现期组合下的降雨强度;随后基于芝加哥雨型(Qin et al.,2013;Yin et al.,2016),考虑不同的雨峰系数(r)对降雨进行时程分配。雨峰系数表示降雨峰值在整个降雨持续时间内的相对位置,取值范围为 0~1。雨峰系数越小代表降雨峰值在整个降雨过程中发生得越早,这里选取了 0.2、0.5 和 0.8 三个典型值用来描述雨峰出现时间的变化。同时考虑了 1 a、10 a 和 100 a 三种不同的降雨重现期;60 min、120 min 和 360 min 三种不同的降雨持续

时间。通过对不同降雨特性进行交叉组合,共得到 27 种降雨情景,如图 3.3
所示。表 3.3 对不同降雨情景下的重要降雨特性进行了总结。可以发现,
随着降雨重现期和降雨持续时间的增加,降雨总量会明显增大。但峰值降
雨强度仅受降雨重现期控制;而雨峰系数的变化则只会影响降雨时间分
布,对降雨总量和峰值降雨强度的影响极其有限。

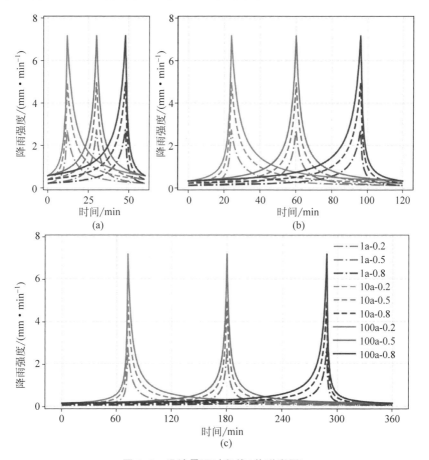

图 3.3　设计暴雨过程线(前附彩图)

(a) 60 min 降雨;(b) 120 min 降雨;(c) 360 min 降雨

注:图例中"a"表示年,如"1a-0.2"代表降雨重现期为 1 年,雨峰系数为 0.2。

表 3.3　不同降雨事件特性总结

编号	降雨特性			降雨总量/mm	峰值降雨强度/(mm·min⁻¹)
	重现期/a	降雨持续时间/min	雨峰系数		
1			0.2		
2		60	0.5	36.3	
3			0.8		
4			0.2		
5	1	120	0.5	46.1	2.7
6			0.8		
7			0.2		
8		360	0.5	65.1	
9			0.8		
10			0.2		
11		60	0.5	65.7	
12			0.8		
13			0.2		
14	10	120	0.5	83.5	5.0
15			0.8		
16			0.2		
17		360	0.5	117.8	
18			0.8		
19			0.2		
20		60	0.5	95.2	
21			0.8		
22			0.2		
23	100	120	0.5	120.8	7.2
24			0.8		
25			0.2		
26		360	0.5	170.4	
27			0.8		

3.1.4　影响评价方法

从峰值流量、径流总量和流量过程 3 个方面对 MRR 过程的水文效应进行评价(Yang et al.,2017),共包含 6 个指标,具体见表 3.4。考虑到峰值流量是水文预报关注的重点内容,这里从绝对偏差和相对偏差两个方面分析了 MRR 过程对峰值流量模拟的影响,见式(3-2)和式(3-3)。式中,

PK_r 和 PK 分别表示纳入和未纳入 MRR 过程的峰值流量模拟值(m^3/s)。引入径流增量系数以定量评价在单位面积和单位降雨量(1 mm)条件下 MRR 过程对片区径流总量的影响,见式(3-4)。式中,Q_r 和 Q 分别表示纳入和未纳入 MRR 过程下的径流总量模拟值(m^3);P 表示降雨总量(mm);A 表示总面积(m^2)。

表 3.4　水文影响评价指标

指　　标	单　　位	公　　式	编号
峰值流量绝对偏差($Bias_{pk}$)	m^3/s	$Bias_{pk} = PK_r - PK$	(3-2)
峰值流量相对偏差($RBias_{pk}$)	—	$RBias_{pk} = \dfrac{PK_r - PK}{PK}$	(3-3)
径流增量系数(I)	—	$I = \dfrac{(Q_r - Q) \times 1000}{P \times A}$	(3-4)
高流量过程偏差($Bias_{10}$)	m^3/s	$Bias_{10} = \sqrt{\dfrac{1}{T_{10}} \sum\limits_{t \in T_{10}} (F_r(t) - F(t))^2}$	(3-5)
中高流量过程偏差($Bias_{25}$)	m^3/s	$Bias_{25} = \sqrt{\dfrac{1}{T_{25}} \sum\limits_{t \in T_{25}} (F_r(t) - F(t))^2}$	(3-6)
非高流量过程偏差($Bias_{b25}$)	m^3/s	$Bias_{b25} = \sqrt{\dfrac{1}{T_{b25}} \sum\limits_{t \in T_{b25}} (F_r(t) - F(t))^2}$	(3-7)

　　显而易见,相同的峰值流量和径流总量并不意味着相同的流量过程,而流量过程的变化同样会引发洪水风险的变化,导致应对策略的差异。因此,本书从三个不同层次评估了 MRR 过程对研究区出口流量过程的影响,即对高流量过程的影响(见式(3-5))、对中高流量过程的影响(见式(3-6))和对非高流量过程的影响(见式(3-7))。式中,$F_r(t)$ 和 $F(t)$ 分别表示纳入和不纳入 MRR 过程下 t 时刻流量的模拟值;T 为以 1 min 为时间步长的总时间步数。T_{10} 为整个模拟历时的一个子集,特指 $F(t)$ 大于 Q_{10} 的时段。类似地,T_{25} 表示 $F(t)$ 大于 Q_{25} 的时段,T_{b25} 表示 $F(t)$ 不大于 Q_{25} 的时段。这里 Q_{10} 和 Q_{25} 分别表示超越概率为 10% 和 25% 的流量值。

3.2　结　果　分　析

　　MRR 过程水文效应的具体表达通常会受到下垫面条件和降雨条件等各种环境变量的影响。故本书从下垫面和降雨条件变化两个角度,对

MRR 过程的水文效应进行了综合分析。

3.2.1　下垫面条件对屋面微尺度汇流水文效应的影响

1. 建筑物空间格局

建筑物空间格局对水文响应过程有着明显的影响（Bruwier et al.，2020；Lee et al.，2016），且在不同城市区域存在差异。因此，有必要厘清不同建筑物空间格局条件下 MRR 水文效应的变化。图 3.4（a）～（c）表明，MRR 过程总体会增加径流峰值流量、减少径流总量，且具体影响与建筑物空间格局密切相关。从中位数水平来看，离散的建筑物空间分布格局下（如十六建筑群）MRR 过程会在更大程度上增加径流峰值，但会抑制径流总量的减少。图 3.4（f）表明，MRR 过程对非高流量过程影响有限，且未在不同建筑物空间格局条件下表现出明显差异。然而，MRR 过程会显著改变高（含中高）流量过程（见图 3.4（d）～（e）），但该影响会随着建筑物空间分布

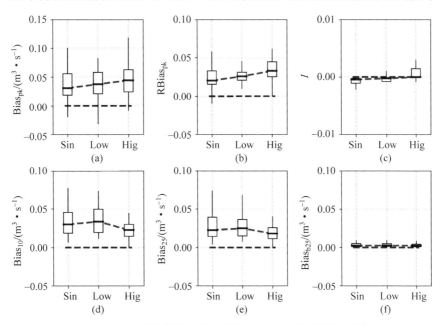

图 3.4　不同建筑物空间格局条件下 MRR 过程的水文效应

（a）峰值流量绝对偏差；（b）峰值流量相对偏差；（c）径流增量系数；（d）高流量过程偏差；
（e）中高流量过程偏差；（f）非高流量过程偏差

注：横坐标标签 Sin、Low 和 Hig 分别表示单体建筑、四建筑群和十六建筑群三种不同的建筑物空间格局。

离散程度的增大而减小。也就是说在单体建筑情景下，虽然峰值流量的增加较小，但如果从整个高流量过程来看，则是引发了更大的扰动。

2. 景观措施类型

随着雨水管理理念的深入及相关技术的不断成熟，各种景观措施甚至 LID 措施被越来越多地引入土地开发和小区建设中（Li et al.，2019）。这也逐渐演变为城市水文研究中不可忽视的一项内容。本书从径流调节能力方面，由低到高依次考虑了不透水铺装、草坪和生物滞留单元三种景观措施情景。

结果表明，随着景观措施径流调控能力的增加，MRR 过程所引发的峰值增大效应会被逐渐抑制（见图 3.5(a)～(b)），但同时也会加剧径流总量的减少（见图 3.5(c)）。从中位数水平来看，MRR 过程对各个流量过程的影响与景观措施类型并不存在明显的相关关系（见图 3.5(d)～(f)）。但在具有高径流调节能力的景观措施条件下，MRR 过程所造成的影响将表现出更大的不确定性（见图 3.5(d)～(e)），尤其是在径流总量方面（见图 3.5(c)）。

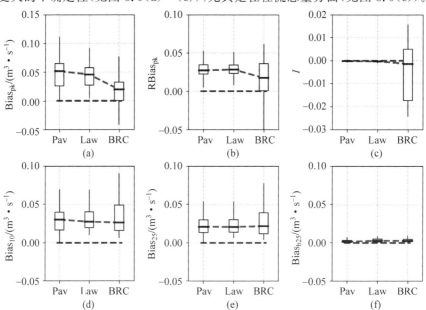

图 3.5　不同景观措施类型条件下 MRR 过程的水文效应

（a）峰值流量绝对偏差；（b）峰值流量相对偏差；（c）径流增量系数；（d）高流量过程偏差；
（e）中高流量过程偏差；（f）非高流量过程偏差

注：横坐标标签 Pav、Law 和 BRC 分别表示不透水铺装、草坪和生物滞留单元三种不同的景观措施类型。

3.2.2　降雨条件对屋面微尺度汇流水文效应的影响

1. 降雨强度

降雨条件是决定水文响应过程的关键因素,而降雨重现期则是表征降雨强度的基本指标。降雨重现期通过给出特定降雨事件的发生频率来反映其强度,频率越小意味着降雨强度越大。

结果表明,随着降雨强度的增加,峰值流量的绝对偏差显著增大(见图 3.6(a)),但峰值流量的相对偏差却基本保持稳定(见图 3.6(b))。也就是说,强降雨条件下径流峰值更大,也伴随产生了更大的峰值偏差;但峰值偏差增量与峰值流量增量间存在一个相对稳定的比例关系。因此从相对偏差的角度来看强降雨条件并没有加剧 MRR 过程的水文效应。图 3.6(c)表明,随着降雨强度的增大,MRR 过程对径流总量的影响趋于减小,但对各个流量过程的影响则将进一步加剧。与此同时,影响的不确定性显著增加(见图 3.6(d)~(f))。

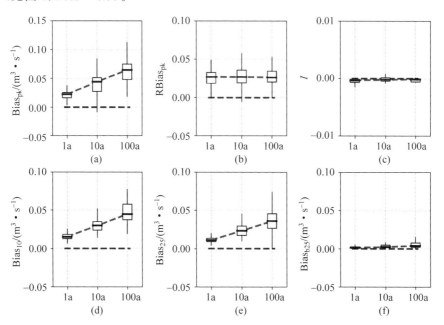

图 3.6　不同降雨重现期条件下 MRR 过程的水文效应

(a)峰值流量绝对偏差;(b)峰值流量相对偏差;(c)径流增量系数;(d)高流量过程偏差;
(e)中高流量过程偏差;(f)非高流量过程偏差

2. 降雨历时

总体来看,MRR过程对峰值流量的影响与降雨持续时间不存在明显的相关性(见图3.7(a)～(b))。从径流总量的角度来看,随着降雨持续时间的增加,MRR过程的影响将有所增大(见图3.7(c))。但就不同的流量过程而言,影响则会随着降雨历时的增加而减小(见图3.7(d)～(f))。即在短历时降雨条件下,水文响应过程倾向于在更大程度上被改变。

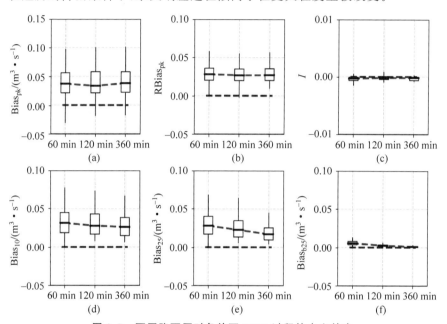

图3.7　不同降雨历时条件下MRR过程的水文效应

(a)峰值流量绝对偏差;(b)峰值流量相对偏差;(c)径流增量系数;(d)高流量过程偏差;
(e)中高流量过程偏差;(f)非高流量过程偏差

3. 雨峰系数

雨峰系数定量描述了降雨峰值出现时刻相对于整个降雨过程的相对位置,是继降雨强度和历时之外另一个重要的降雨特性。从峰值流量偏差绝对值的角度来看,MRR过程的影响会随着雨峰系数的增加表现出先减小后增加的非单调趋势(见图3.8(a))。但从峰值流量偏差相对值的角度来看,MRR过程的影响则呈现出单调下降的规律(见图3.8(b))。这表明在高峰值系数和低峰值系数条件下,MRR过程造成高峰值流量绝对偏差的原因存在差异。高雨峰系数条件下,考虑到降雨峰值在整个降雨过程中出现较晚,土壤含水率已达到较高水平,更易于产生高峰值流量,从而导致较高的峰值流量绝对偏差,但峰值流量相对偏差却较低。与此相反,低雨峰系数条件下 MRR 过程则会在峰值流量有限的前提下产生较大的峰值偏差。在流量总量方面,MRR 过程的影响随雨峰系数增大表现出微弱的增加趋势(见图 3.8(c))。就不同的流量过程而言,不同的雨峰系数条件下影响基本保持一致(见图 3.8(d)～(f))。

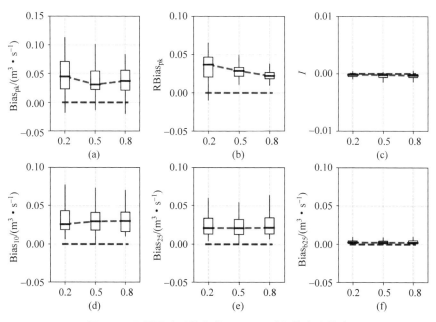

图 3.8　不同雨峰系数条件下 MRR 过程的水文效应

(a) 峰值流量绝对偏差;(b) 峰值流量相对偏差;(c) 径流增量系数;(d) 高流量过程偏差;(e) 中高流量过程偏差;(f) 非高流量过程偏差

3.3　结 果 讨 论

以 MRR 过程对峰值流量、径流总量以及多个级别流量过程影响的认识为基础,本节针对 MRR 过程的径流影响机制,以及不同降雨特性在其水文效应表达中所起的作用做了讨论。此外,对 MRR 过程可能造成的极端水文影响程度及相应的诱发条件进行了分析。

3.3.1　径流影响机制分析

通过对比不同组合条件下 MRR 过程的水文效应对其影响机制进行分

析。图 3.9(a)和图 3.9(d)表明,当景观措施为草坪或 BRC 时,离散的建筑物空间格局会进一步加剧径流峰值的增大;但当周边景观采用不透水铺装时,对径流峰值的影响则将随着建筑离散度的增加表现出轻微的下降趋势。这表明当建筑物周边采用不具备径流调节能力或径流调节能力很小的景观措施时,MRR 过程可将屋面雨水汇合到有限的雨落管点位,从而增大径流峰值,且该影响会随着建筑空间分布的聚集进一步加剧。一旦建筑物周边景观措施具备较强的下渗或雨水滞留能力,MRR 过程会把部分屋面降雨引导至建筑物上游的未饱和土壤区域发生径流入渗,进而导致峰值流量减小。考虑到单体建筑空间格局有利于将更多降雨汇聚到同一点位,因此更有利于增大径流的峰值流量。但与此同时,在单体建筑空间格局下,若不考虑 MRR 过程,屋面降雨将根据研究区大的地势直接流向建筑物的下游区域,这意味着建筑物上游景观措施的水文功能不能得到充分利用,建筑上游土壤可能仍处于缺水状态。因此当建筑物周边景观采用具有强径流调节能力的 BRC 时,单体建筑空间格局下 MRR 过程首先需补给上游未饱和土壤,这将在一定程度上抑制径流峰值的增加(见图 3.9(a)和图 3.9(d))。图 3.9(b)中蓝色实线所展示的单调上升现象和图 3.9(e)所展示的发散现象则为上述认识提供了更多的证据。即当建筑物周围配置了具有强径流调节功能的景观措施时,MRR 过程有利于进一步利用上游区域的径流调蓄能力,进而抑制径流峰值的增加,导致径流总量的削减,且这种削减效应会随着建筑物空间格局的集中而加剧。从对整个流量过程的影响来看,相比于景观措施类型,建筑物空间格局的变化表现出更强的作用。任意景观类型下,对流量过程的影响都将随着建筑物空间格局的集中而增大(见图 3.9(c)和图 3.9(f))。

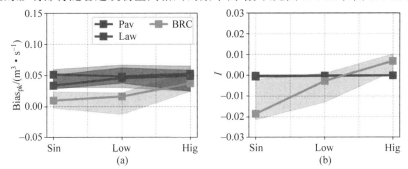

图 3.9　径流影响机制分析(前附彩图)

(a)~(c)不同景观措施类型下径流影响与建筑物空间格局的关系;

(d)~(f)不同建筑物空间格局下径流影响与景观措施类型的关系

注:实线表示中位数结果,阴影区域的下边界和上边界分别对应第一和第三四分位数结果。

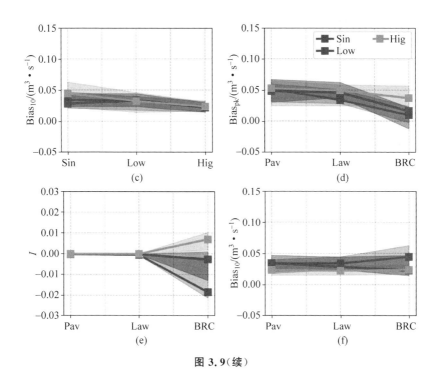

图 3.9（续）

3.3.2　降雨特性对比分析

上文分析了不同降雨特性对 MRR 水文效应表达的影响,需进一步解析不同降雨特性间的相互依赖关系以增进认识。图 3.10(a)和图 3.10(c)表明,在不同降雨历时和雨峰系数的组合条件下,MRR 过程带来的影响将随着降雨强度的增大而增大。相反在弱降雨条件下,降雨历时和雨峰系数的变化则基本不会改变 MRR 水文效应的表达(见图 3.10(d)、图 3.10(f)、图 3.10(g)和图 3.10(i))。在强降雨条件下(如 100 年重现期降雨),若雨峰系数较小(如 0.2),MRR 过程对峰值流量和流量过程的影响将随着降雨历时的增加而减小;若雨峰系数较大(如 0.8),影响则表现出相反的变化规律(见图 3.10(d)和图 3.10(f));此外无论降雨历时如何变化,雨峰系数的增加均会抑制 MRR 过程所带来的影响(见图 3.10(g)和图 3.10(i))。

总体来看,MRR 过程对径流总量影响的变化与降雨特性变化均表现出较弱的相关性,如图 3.10(b)、图 3.10(e)和图 3.10(h)所示。一个主要原因是所采用的统计分析方法重点关注中位数水平的影响,淡化了在 BRC

景观措施条件下的极端影响。而对于构成大多数样本的不透水铺装和草坪场景,研究片区的径流调节能力一般较小,这就导致径流总量变化相对于降雨总量极其有限。

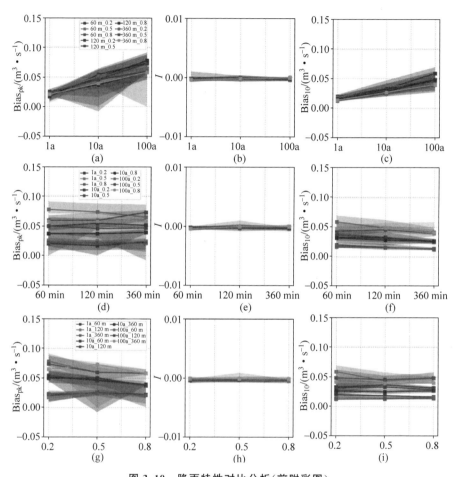

图 3.10　降雨特性对比分析(前附彩图)

(a)~(c)不同降雨历时和雨峰系数组合条件下径流影响与降雨强度的关系;

(d)~(f)不同降雨强度和雨峰系数组合条件下径流影响与降雨历时的关系;

(g)~(i)不同降雨强度和降雨历时组合条件下径流影响与雨峰系数的关系

注:图例中"m"表示"min",实线表示中位数结果,阴影区域的下边界和上边界分别对应第一和第三四分位数结果。

3.3.3　极端影响及其诱发条件分析

基于上述 MRR 过程对径流影响的认识,需要进一步讨论 MRR 过程可能引发的极端影响量级及其相应诱发条件。本书从峰值流量、径流总量和高流量过程三个方面进行了分析。图 3.11 表明,MRR 过程在特定复合条件下会导致峰值流量的显著增加。其中,绝对偏差可达到 0.15 m³/s,相对偏差接近 10%(参考峰值流量统计分布,见图 3.11 中箱型图)。从城市区域径流模拟的角度来看,10% 的峰值流量相对偏差仍然处于可接受的范围(Kong et al.,2019),但难以满足精确模拟的要求(Mateo et al.,2017)。对诱发极端影响的复合条件进行解析,发现所有极端影响均发生在景观措施为 BRC 的场景下。这表明当采用具有强径流调节能力的景观措施进行片区雨水管理时,要详细评估其调蓄能力,使其与上游产流能力充分适应,避免出现因超渗产流而增加径流峰值流量的现象。此外,60% 的极端影响均发生在高强度、长历时的降雨条件下,这进一步提高了在精细化城市暴雨洪水模拟中考虑 MRR 过程的必要性。

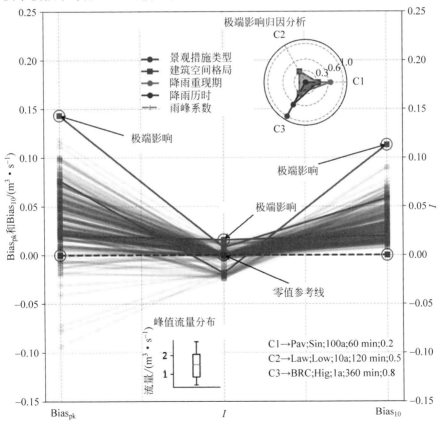

图 3.11　极端影响及其诱发条件分析(前附彩图)

注:红色和绿色圆圈分别标记了最大和最小影响。

3.4 本章小结

高楼林立、建筑密集是城市区域的基本特点,也是城市水文模拟中不可忽视的重点。在气候变化和快速城市化的背景下,进一步加强对建筑物水文效应的理解认识,是逐步实现精准化、精细化城市暴雨洪水模拟的必要环节。本章基于 gUHM 模型,将屋面微地形和墙侧雨落管的联合作用纳入考虑;建立了包含 243 种不同复合条件的降雨-下垫面场景库,从多个角度对 MRR 过程的水文效应进行了分析。结果表明,MRR 过程通过将屋面降雨集中到有限雨落管所在点位,有显著的径流增大效应;但与此同时,若建筑物周边部署了可渗透、可蓄水的景观措施,MRR 过程也可能会导致径流的减少。因为 MRR 过程会将部分屋面降雨输送到建筑物上游区域补给未饱和土壤。需要注意的是,在特定的降雨-下垫面复合条件下,MRR 过程可能使径流峰值流量提高将近 10%。从城市水文模拟预报的角度来看,仅忽略 MRR 过程这一项所带来的影响便可能达到精准化模拟所允许的偏差上限。因此,为了面向未来精细化城市暴雨洪水模拟实践,考虑 MRR 过程十分必要。该项研究有利于完善对建筑物水文效应的理解认识,有助于进一步提高城市暴雨洪水预报精度。

第4章 城市复杂汇流条件下的模型网格尺度效应

城市下垫面地表覆盖类型繁多、分布破碎、汇流路径复杂,呈现出极高的空间变异性,这就要求水文模型必须采用精细化的网格划分方法。关于模型计算单元的尺度效应,国内外学者采用不同模型、在不同区域进行了分析,但尚未得出一致的结论,且对相关机理依旧缺乏认识。研究表明,借鉴Mosaic方法对具有空间变率的下垫面信息采用精细化"拼图"的方式加以描述,而后基于拼图栅格的参数值求得大尺度网格的区域平均值,可以在很大程度上避免由于网格尺度变大而导致下垫面信息丢失的问题(Krebs et al.,2014)。然而,网格尺度变化对描述地表汇流过程的影响至今尚无对策。如何科学定量地描述城市地表汇流特性,以及物理模型如何适应网格单元的尺度变化依然是城市水文研究中亟待解决的问题(Fang et al.,2016)。本章以清华大学校园为研究区,首先构建了网格大小为 10 m×10 m 的 gUHM 模型,随后以此为基础依次构建了 30 m、50 m、100 m 和 250 m 模型;针对 2012—2017 年清华大学校园实测降雨事件,对模型网格单元的尺度效应进行了定量评估;提出了城市地表汇流特性的计算方法,为理解尺度效应和升尺度方案的建立提供了基础。本章内容将围绕以下两个目标展开:①定量揭示网格尺度、汇流特性和水文模拟三者间的关系,厘清地表汇流特性的模型表征与网格空间尺度的关系,及其变化对水文模拟的影响;②建立一套基于物理过程的参数升尺度方案,实现模型关键参数在不同网格尺度下的物理转化,提高低分辨率模型表现。4.1 节具体介绍了本章研究区概况和所涉及的水文气象数据;4.2 节详细阐述了模型构建方法、地表汇流特性的计算方法、模拟结果的评价方法以及模型关键参数的升尺度方法;4.3 节展示了网格尺度效应在地表汇流特性的模型表征和城市雨洪模拟结果两个方面的具体影响,同时给出了模型关键参数的升尺度结果,并对其效果进行了检验;4.4 节对本章内容进行了总结。

4.1　研究区域和数据集

4.1.1　研究区概况

清华大学位于北京市海淀区东部,校园面积约为 $3.3\ km^2$。校园内道路纵横交错、管网分布密集、河道贯穿教学和住宿区域,拥有道路、建筑、草地、水体、树木等多种地表覆盖类型,整体不透水率达到了 50%。整个研究区通过围墙与外界隔开,可认为客水基本通过万泉河进入校园,而地表水量交换较少。

4.1.2　地理分布数据

为真实地反映研究区下垫面情况,本书构建了一套高精度地理分布数据集。具体包括地表覆盖类型数据、地表高程信息数据、河道路网数据和排水管网数据。其中,地表覆盖类型数据来源于高分二号卫星图像(2 m 空间分辨率),提供了建筑、道路、裸地、水体、草地、灌木和乔木等 7 种地表覆盖类型的空间分布信息。基于地表覆盖类型数据可进一步提取得到模型所需的河道路网数据。地表高程数据由校园内近 3 万个实测高程点插值得到。排水管网数据(包括空间分布和尺寸大小)来自于学校相关管理部门。

4.1.3　水文气象资料

城区水文响应对降雨条件变化十分敏感。研究表明,精准的城市水文模拟需要降雨驱动数据具有高于 5 min 的时间分辨率(Berne et al.,2004)。此外,降雨的空间变异性在城市区域普遍存在,但考虑到本研究重点关注下垫面汇流过程,且研究区面积较小,故仅在研究区中心位置部署了一台雨滴谱仪,用以细致描述降雨的时间过程(时间分辨率为 1 min)。2012—2017年,共观测得到 18 个具有代表性的降雨个例。降雨总量在 $5\sim200\ mm$ 不等,降雨历时集中在 $3\sim59\ h$,基本涵盖了北京市主要降雨类型(Yang et al.,2013)。表 4.1 总结了所有降雨个例的主要特性,并指出了用于测试参数升尺度方案效果的 4 个典型降雨个例。这 4 场降雨涉及不同的降雨总量和不同的时间模式(见图 4.1)。此外,考虑到实际降雨个例间雨型必然存在差异,以 E170714 降雨个例(1 个典型的单峰强降雨事件)为模板,构建另外 4 个雨型一致但降雨总量不同的降雨事件使得分析更加全面。

表 4.1　雨滴谱仪降雨个例特征总结

降雨事件	降雨历时/h	降雨总量/mm	最大降雨强度/ （mm·h⁻¹）	平均降雨强度/ （mm·h⁻¹）
E120721	17	184.5	99.6	10.9
E140831	7	58.9	124.8	8.4
E150717	78	68.7	82.3	0.9
E150727	14	28.1	200.4	2.0
E150807*	3	30.6	244.6	10.2
E160720*	57	196.3	52.9	3.4
E160725	16	7.0	28.2	0.4
E160728	3	8.5	29.0	2.8
E160908	3	19.9	101.9	6.6
E170605	20	7.8	16.4	0.4
E170621	59	97.0	62.1	1.6
E170704	7	15.5	25.6	2.2
E170714*	10	54.8	130.2	5.5
E170721	6	28.7	81.8	4.8
E170802	10	10.5	32.7	1.0
E170808	3	5.5	34.5	1.8
E170812	7	29.0	69.7	4.1
E170822*	19	39.9	33.6	2.1

注：* 特指被用于研究参数升尺度方案的降雨个例。

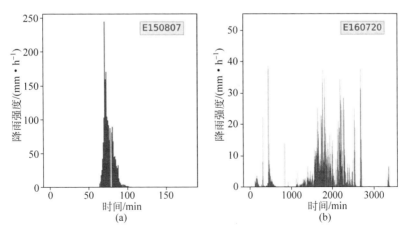

图 4.1　用于研究参数升尺度方案的降雨个例

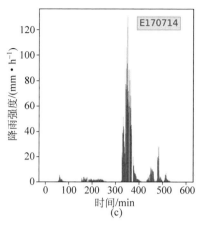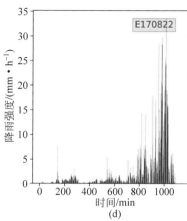

(c)　　　　　　　　　　　　　　(d)

图 4.1（续）

　　分别于校园河道入口和出口断面部署雷达流量计对河道流量进行实时监测。该仪器采用多普勒原理测量水面流速，利用雷达测距原理测量河水深度，继而使用水力学模型根据已有水深和表面流速信息推算得到整个横截面平均流速，最后得到河道流量数据，仪器每 5 min 向服务器发送一次数据。相比于河道雷达流量计的非接触式测量，管道流量监测采用 6526-21 超声多普勒流速水位记录仪，需置于水下基于水压信息推算管道水深。该仪器同样利用多普勒效应对流速进行测量，而后结合水深和管道截面信息计算管道流量，时间分辨率为 1 min。图 4.2 展示了河道流量监测和管道流量监测的现场图。

(a)　　　　　　　　　　　　　　(b)

图 4.2　校园水文观测设备

（a）河道非接触雷达流量计；（b）管道超声多普勒流速水位记录仪

4.2　研　究　方　法

4.2.1　清华园 gUHM 模型构建

　　基于上述精细化地理水文数据集,考虑地表、管道、河道 3 个层次,构建清华园 gUHM 模型。模型采用 10 m 规则网格对研究区下垫面进行离散,考虑了乔木、灌木、草地、水体、裸地、建筑、道路等 7 种地表覆盖类型。根据不同地表覆盖类型的水文特性,采用面积加权的方法对模型网格单元参数进行赋值。网格单元产流经过坡面汇流进入道路,继而通过雨水篦子进入管道,再通过管道汇流进入河道,最后排出校园。模型土壤相关参数和排水系统相关参数的初始值通过参考相关研究和规划手册进行确定。而后针对河道出口流量观测对模型初始参数进行率定,使得模型在强度、历时、雨型各不相同的降雨事件下均可以取得尽可能好的模拟效果。表 4.2 汇总了不同下垫面地表覆盖类型的水文参数率定结果;表 4.3 汇总了土壤及排水系统的参数率定结果。鉴于整个研究区面积较小,这里假设土壤类型在空间上是一致的。考虑到所选降雨个例发生前多为持续的晴天,且受地下水位较低等因素影响,认为校园内土壤初始含水率较低(Rosa et al.,2015)。采用 NSE 对模型表现进行评估(Nash et al.,1970),结果表明在 4 个不同的降雨事件下,经过参数率定 NSE 均可达到 0.85 以上(见图 4.3)。这表明清华园 gUHM 模型可以很好地复现校园河道流量过程。针对另外 2 个存在显著差异的降雨事件,对模型在河道与管道的模拟表现做进一步检验。图 4.4 表明,河道流量模拟结果的 NSE 依然可以保持在 0.85 以上。管道流量模拟结果的 NSE 虽然有了明显下跌,但依然处在合理范围之内。这一现象表明虽然清华园 gUHM 模型以河道流量过程为目标开展模型参数率定,但对于反映更小尺度水文响应的管道流量过程也可以提供较好的模拟结果。

表 4.2　不同地表覆盖类型的水文参数率定值

地表覆盖类型	不透水率/%	n		d_s/mm	
		不透水	透水	不透水	透水
乔木	0	—	0.3	—	8
灌木	0	—	0.2	—	6
草地	0	—	0.15	—	4
水体	100	—	—	—	—
道路	100	0.013	—	2	—

续表

地表覆盖类型	不透水率/%	n		d_s/mm	
		不透水	透水	不透水	透水
裸地	80	0.015	0.15	2	2
建筑	100	0.011	—	1	—

注：n 和 d_s 分别表示曼宁系数和地表填洼深度。

表 4.3　土壤及排水系统参数率定值

参　　数	率　定　值
湿润峰处土壤吸力/m	250
饱和水力传导度/(mm·h^{-1})	1
土壤初始缺水率	0.47
路面糙率	0.011
管道糙率	0.012
河道糙率	0.013

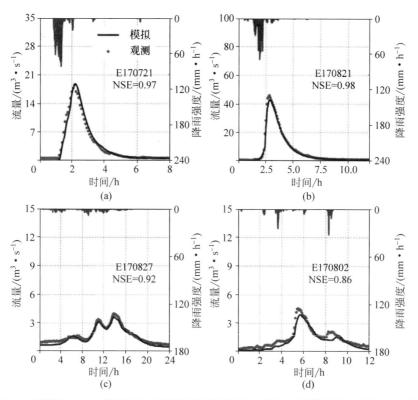

图 4.3　清华园 gUHM 模型率定，不同降雨个例下校园河道出口处模拟和实测流量过程对比

注：顶部柱状图为降雨强度，后同。

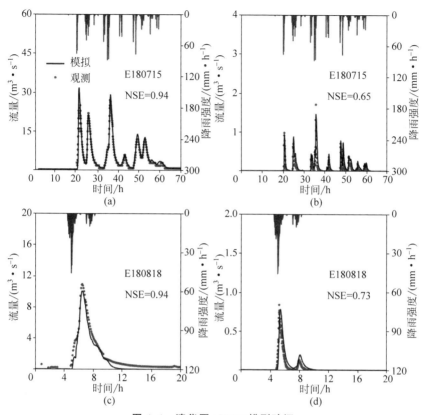

图 4.4　清华园 gUHM 模型验证

（a）E180715 降雨个例下河道流量模拟结果；（b）E180715 降雨个例下管道流量模拟结果；
（c）E180818 降雨个例下河道流量模拟结果；（d）E180818 降雨个例下管道流量模拟结果

　　以 10 m 清华园 gUHM 模型为基础，保持道路、管网、河道信息不变，采用空间升尺度技术依次构建 30 m、50 m、100 m 和 250 m 模型。不同分辨率模型均基于最精细的下垫面数据（与构建 10 m 模型所用数据相同）采集所需信息，并根据上述不同地表覆盖类型的水文参数率定结果计算各自网格单元的水文参数，从而将不同分辨率模型间的差异限制在模型网格单元尺度这一个方面。

4.2.2　城市地表汇流特性的分析方法

1．地块内透水-不透水区域连通关系解析

　　透水区域与不透水区域复杂交织是城市地块的一大特点，而由此衍生

的透水-不透水区域间复杂的连通关系则使得地块内汇流过程变得格外复杂,同时显著增加了城市水文模拟的难度(Cao et al.,2020b)。图 4.5 展示了两种地块尺度下典型的汇流情景,分别对应了两种不同的透水-不透水区域连通关系。其中,图 4.5(a)表示建筑物屋面(不透水区域)产流需经过下游草地(透水区域)而后汇入河道;图 4.5(b)则表示上游草地(透水区域)产流需经过滨河道路(不透水区域)而后汇入河道。

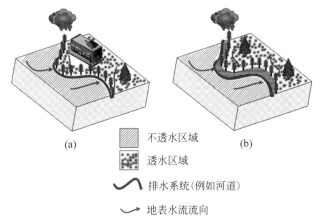

不透水区域

透水区域

排水系统(例如河道)

地表水流流向

(a)　　　　　　　　　　　　(b)

图 4.5　城市地块内部透水-不透水区域连通情景示意图

此外,LID 城市建设理念进一步推动了透水-不透水区域间的连通。如图 4.6 所示,越来越多的雨水管网入口被置于路边的下凹绿地,道路径流需要首先通过路缘切口进入草地经历填洼、下渗,而后才能进入雨水管网系统。可以想象,对透水区域和不透水区域建立连通关系势必会在一定程度

道路
(不透水区域)

雨水管道入口

下凹式景观
(透水区域)

图 4.6　LID 建设理念下透水-不透水区域连通情景

上改变地块原始的水文响应规律。若不透水区域位于下游,受不透水区径流蓄滞能力的限制,水文响应规律的变化相对较小;但若透水区域位于下游,这一影响将变得显著,应当在城市水文研究及模拟中予以高度的关注。

2. 片区尺度下地表汇流特性的定量描述

城市排水片区是众多城市地块复杂的排列组合,产汇流条件更加复杂。模型网格单元尺度效应的机理分析可从以下两个方面进行:①网格单元尺度变化对研究区产流特性描述的影响;②网格单元尺度变化对研究区汇流特性描述的影响。其中,对研究区产流特性的描述主要取决于不透水率、填注量、土壤饱和导水率等产流参数的取值。为尽可能减小网格尺度效应对研究区产流特性描述的差异,本书借鉴 Mosaic 方法对模型水文参数进行计算,很大程度上避免了大网格尺度下地表覆盖信息丢失的问题。关于城市研究区汇流特性的定量描述,本书提出了两个指标:考虑汇流过程的有效不透水面积比例(P^{imp})和考虑汇流过程的透水区域汇流长度(P^{p}),以定量评估不同网格尺度下汇流特性描述的差异。如图 4.7 所示,对于一个特定的模型网格单元,其不透水区域产流在汇入下游网格单元(不透水率低于100%)后将以一定比例分配在下游网格的透水区域和不透水区域。被分配到透水区域的产流需要经历填注、下渗而被削减;被分配到不透水区域的产流则基本无水量损失而继续向下汇流。纵观一个特定网格单元不透水区域产流进入排水系统的整个汇流过程,可以想象部分产流将经过下游多个透水区域而被逐级消耗,但也会有一定比例的产流将一直流淌在不透水区域之上直到进入排水系统。在中、小降雨事件中,这一比例将对洪水响应过

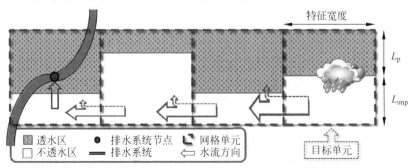

图 4.7　特定模型网格单元不透水区产流的地表汇流过程示意图

注:L_{p} 表示网格单元透水区域长度;L_{imp} 表示网格单元不透水区域长度;箭头表示地表水流运动方向,其中虚线部分表示部分不透水区产流将分流汇入下游网格单元的透水区域。

程起到重要的影响,而 P^{imp} 则正是用来量化这一比例的大小。此外对于该网格单元内透水区域内产流进入排水系统的整个过程,同样需要经过下游众多的透水、不透水区域。这里我们选择关注整个汇流路径上可能经历的最大的总透水区长度,即 P^{p}。从流域洪水形成的角度上来看,P^{imp} 和 P^{p} 分别对应了最有利和最不利的汇流条件。因此 P^{imp} 和 P^{p} 一定程度上可以反映研究区总体的汇流特性。

基于具体汇流过程对 P^{imp} 和 P^{p} 进行计算。对于某一特定模型网格单元的 P^{imp},需依次考虑其下游网格单元不透水率并做连乘运算,直到来自不透水区域的产流最终进入排水系统,见式(4-1)。整个研究区的 P^{imp} 则等于所有网格单元 P^{imp} 的平均值,见式(4-2)。

$$P_i^{\text{imp}} = \prod_{j=0}^{k} \text{Imp}_{ij} \tag{4-1}$$

$$P^{\text{imp}} = \frac{\sum_{i=1}^{m} P_i^{\text{imp}}}{m} \tag{4-2}$$

式中 P_i^{imp} 表示第 i 个网格单元的 P^{imp};Imp_{ij} 表示第 i 个网格单元产流在整个汇流路径上第 j 个网格单元的不透水率;P^{imp} 表示整个研究区尺度上考虑汇流过程的有效不透水面积比例;k 表示第 i 个网格单元产流在整个汇流路径上所包含的网格单元数;m 表示模型网格单元总数。10 m 模型所对应的网格单元总数为 32 640,30 m、50 m、100 m、250 m 模型网格单元总数依次为 3618、1304、333 和 51。

指标 P^{p} 旨在量化最不利的汇流条件(从流域洪水形成的角度上来看),所以假设所有产流全程沿着透水区域进行汇流,忽略了途中向下游网格不透水区分配的过程。考虑到透水汇流路线存在持续的下渗问题,这可能导致该网格单元透水区产流不能到达排水系统。因此即使认为产流全程沿着透水区域进行汇流,在不同的降雨条件和下垫面下渗条件下,汇流长度(L)仍然存在不确定性。这里考虑了 L 的边界值 $L_{\min}$ 和 $L_{\max}$,见式(4-3)和式(4-4)。其中,$L_{\min}$ 表示透水区产流在本单元透水坡面汇流过程中便已下渗殆尽;$L_{\max}$ 表示透水区产流可沿着汇流路线持续汇流,直到进入排水系统。

$$L_{\min} = l \times \sum_{i=1}^{n} (1 - \text{imp}_i) \tag{4-3}$$

$$L_{\max} = l \times \sum_{i=1}^{n} \sum_{j=0}^{k} (1 - \mathrm{imp}_{ij}) \tag{4-4}$$

式中 l 表示网格单元尺度(m)；n 表示模型网格单元数；imp_i 表示第 i 个网格单元的不透水率；k 表示第 i 个网格单元汇流路线上包含的网格单元数；imp_{ij} 表示第 i 个网格单元透水区产流流经的第 j 个网格单元的不透水率。考虑到不同网格单元透水区降雨量不同，而强降雨单元通常会对洪水的形成起到更大的作用，所以这里将特定单元透水区降雨量相对于全流域透水区总降雨量的比值作为汇流长度的权重对 $P_{\min}^{\mathrm{p}}$ 和 $P_{\max}^{\mathrm{p}}$ 进行了计算：

$$P_{\min}^{\mathrm{p}} = \frac{l \times \sum\limits_{i=1}^{n} (1 - \mathrm{imp}_i)^2}{\sum\limits_{i=1}^{n} (1 - \mathrm{imp}_i)} \tag{4-5}$$

$$P_{\max}^{\mathrm{p}} = \frac{l \times \sum\limits_{i=1}^{n} \left[(1 - \mathrm{imp}_i) \times \sum\limits_{j=0}^{k} (1 - \mathrm{imp}_{ij}) \right]}{\sum\limits_{i=1}^{n} (1 - \mathrm{imp}_i)} \tag{4-6}$$

式中 $(1-\mathrm{imp}_i)$ 表示网格单元内透水区域面积百分比。由于本研究尚未考虑降雨空间变异性，故降雨量占比等价于面积占比；又因同一分辨率模型下网格尺度相同，故面积占比等价于特定网格单元透水面积百分比与全流域网格透水面积百分比之和的比值。

4.2.3　模拟效果评价方法

式(4-7)展示了研究区内的水量平衡关系。考虑到暴雨条件下蒸发较小，故忽略了蒸发项。通过分析网格尺度效应对水量平衡各个组分的影响，可以帮助我们了解模型网格尺度效应对城市雨洪模拟的影响机制。

$$P = Q_{\mathrm{r}} + Q_{\mathrm{o}} + I + S_{\mathrm{d}} + S_{\mathrm{s}} \tag{4-7}$$

式中 P 表示降雨量(m^3)；I 表示下渗量(m^3)；Q_{r} 表示河道出口流量(m^3)；Q_{o} 表示其他出水口流量(m^3)；S_{d} 表示排水系统蓄水量(m^3)；S_{s} 表示洼地蓄水量(m^3)。此外，引入河道总流量相对误差(relative error of total flow，RET)、河道峰值流量相对误差(relative error of peak flow，REP)和下渗量相对误差(relative error of infiltration，REI)3 个指标来进一

步支撑模型网格尺度效应的定量分析。具体计算方法如式(4-8)、式(4-9)和式(4-10)所示：

$$RET = \frac{TF_x - TF_{10}}{TF_{10}} \tag{4-8}$$

$$REP = \frac{PF_x - PF_{10}}{PF_{10}} \tag{4-9}$$

$$REI = \frac{I_x - I_{10}}{I_{10}} \tag{4-10}$$

式中 TF_x 和 TF_{10} 分别表示 x 和 10 m 分辨率模型下河道总流量的模拟结果(m^3)；PF_x 和 PF_{10} 分别表示 x 和 10 m 分辨率模型下河道峰值流量的模拟结果(m^3/s)；I_x 和 I_{10} 分别表示 x 和 10 m 分辨率模型下下渗量的模拟结果(m^3)。

4.2.4　模型关键参数升尺度方法

不同空间分辨率模型对地表汇流特性的描述存在差异,因此部分模型汇流参数应做出合理调整适应这一变化,以尽可能减小对模拟结果的影响。即模型关键汇流参数具有网格尺度依赖性,针对不同空间分辨率的模型应当基于对地表汇流过程的描述情况科学取值。本研究以次网格汇流比例(P_r)和透水区域糙率(n)为模型的关键汇流参数,试图通过建立其升尺度方案统一不同网格尺度下对地表汇流特性的描述,以提高低分辨率模型的模拟精度。

1. 基于 P^{imp} 的参数升尺度

参数 P_r 描述了一个特定网格单元内不透水区域产流汇入其透水区域的比例,默认值为0,表示网格单元内透水区与不透水区无联通关系,不透水区产流无须流经透水区而直接进入下游网格单元。P_r 的变化将影响 P^{imp} 的计算结果,式(4-11)和式(4-12)分别从一个特定网格单元和整个流域的角度展示了这一关系。

$$P_i^{imp} = \prod_{j=0}^{k} Imp_{ij} \times (1 - P_r)^{(k+1)} \tag{4-11}$$

$$P^{imp} = \frac{\sum_{i=1}^{m} P_i^{imp}}{m} \tag{4-12}$$

式中 P_i^{imp} 表示第 i 个网格单元的 P^{imp}；Imp_{ij} 为第 i 个网格单元产流在整个汇流路径上第 j 个网格单元的不透水率；k 表示第 i 个网格单元产流在整个汇流路径上所包含的网格单元数；P_r 表示次网格汇流比例；P^{imp} 表示整个研究区尺度上考虑汇流过程的有效不透水面积比例；m 表示模型网格单元总数。

2. 基于 P^p 的参数升尺度

对式(4-13)所示非线性水库算法进行化简得到式(4-14)，可以发现单位面积出流流量与汇流长度存在负相关关系。随着坡面汇流长度的增加，径流在坡面的汇流时间将被延长(促进下渗)，进而导致网格单元透水区域出流减少。重要的是，式(4-14)同时表明坡面糙率在控制网格单元径流输出方面与坡面汇流长度发挥着相同的作用。因此可通过给不同分辨率模型科学地匹配坡面糙率值，以尽可能消除由于地表汇流特性描述不符而导致的模拟偏差。根据 4.2.2 节内容可知，受降雨强度等因素影响实际 P^p 值存在很大不确定性，故当前只能基于其波动范围($P_{\min}^p$ 和 $P_{\max}^p$)计算得到不同模型网格尺度下相应 n 值合理的取值区间。

$$q = \frac{WS^{\frac{1}{2}}}{An}(d - d_s)^{\frac{5}{3}} \tag{4-13}$$

$$q = \frac{S^{\frac{1}{2}}}{Ln}(d - d_s)^{\frac{5}{3}} \tag{4-14}$$

式中 q 表示单位面积的出流流量(m/s)；W 表示网格单元特征宽度(m)；S 表示坡度；d 表示水深(m)；d_s 表示洼地蓄水深度(m)；A 表示网格单元面积(m²)；n 表示坡面糙率；L 表示坡面汇流长度(m)。

4.2.5　雨水管网的分级概化方案

本研究旨在维持管网条件不变而探究模型网格尺度变化带来的影响、影响机理和应对策略，从而深化对城市水文过程的认识，提高城市雨洪模拟的精度和效率。然而，详细管网数据的可得性是城市水文研究以及城市暴雨洪水模拟中一直以来的痛点和难点。排水管网概化(忽略细小支管)究竟是如何以及将在多大程度上影响模拟精度值得被进一步探讨。为使本章研究更加完整，这里以 10 m 空间分辨率清华园 gUHM 模型为基础，构建了不同级别的雨水管网概化方案，以期揭示精细化管网信息对城市雨洪模拟的价值。

　　图 4.8 展示了清华大学校园雨水管道尺寸的统计结果。综合管道数量（图 4.8(a)）和管道长度（图 4.8(b)）两个方面，可以发现管道直径主要分布在 0.2~0.4 m（占比约为 40%），其次为 0~0.2 m 和 0.4~2 m（两区间占比相当，约为 30%）。这里以近似等比例间距为原则，根据直径大小将管道自下而上分为三级：0~0.2 m、0.2~0.4 m 和 0.4~2 m。继而通过依次忽略更高级别的管道信息实现不同程度的雨水管网概化。

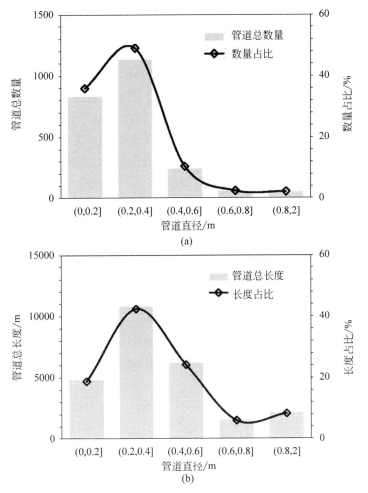

图 4.8　雨水管道尺寸统计结果

图 4.9 展示了清华大学校园雨水管网分布（图 4.9(a)）及其不同级别的概化方案（图 4.9(b)～(d)）。其中，S1 情景（图 4.9(b)）表示一级雨水管网概化，即不考虑直径位于 0～0.2 m 的管道信息；S2 情景（图 4.9(c)）表示二级雨水管网概化，即在 S1 情景基础上删去直径位于 0.2～0.4 m 的管道信息；S3 情景（图 4.9(d)）则表示忽略全部的管道信息。

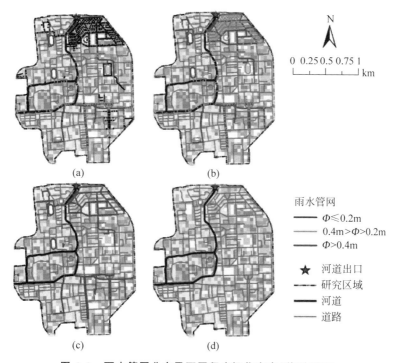

图 4.9　雨水管网分布及不同程度概化方案（前附彩图）

(a) 无概化情景（BC 情景）；(b) 忽略直径小于 0.2 m 的雨水管道（S1 情景）；(c) 忽略直径小于 0.4 m 的雨水管道（S2 情景）；(d) 忽略全部雨水管道（S3 情景）

4.3　结果分析与讨论

4.3.1　地块内精细化汇流信息缺失的影响

透水-不透水区域间复杂的连通关系会显著改变地块的水文响应规律，而城市水文模型一旦缺失了这种地块内精细化的汇流信息则可能严重影响模拟精度。本书针对 3240 种降雨-下垫面组合情景进行了分析，考虑了不同的植被类型、不透水面积比例、区域连通程度、降雨强度、降雨时间分布等多个因素,定量评估了地块尺度下(这里采用 30 m×30 m)精细化汇流信息缺失对水文模拟的影响。

　　针对特定的地块条件(不透水区域占 60%;连通程度 50%,即有 50%的不透水区域被连接到了透水区域;透水区域植被类型为树木),图 4.10展示了缺失精细化地表汇流信息对地块水文响应过程模拟的典型影响。其中,UIA>0 情景表示考虑地块透水区域和不透水区域间的连通关系,50%面积的不透水区域产流将汇入透水区域;UIA=0 情景表示不考虑区域间

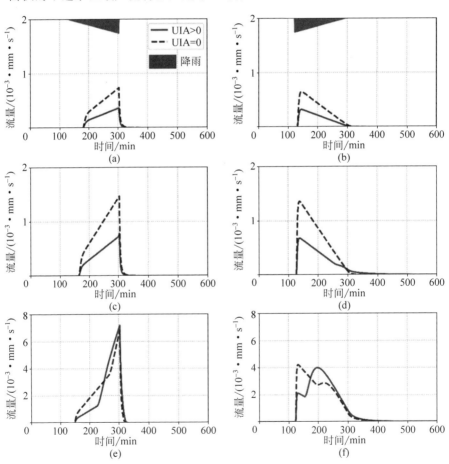

图 4.10　不同降雨条件下地块内精细化汇流信息缺失对水文模拟的影响

(a)、(b)3 h 降雨总量为 10 mm;(c)、(d)3 h 降雨总量为 20 mm;(e)、(f)3 h 降雨总量为 60 mm

连通关系,分别对两个子区域(透水区域和不透水区域)的产汇流过程进行模拟,然后叠加得到整个地块的水文响应过程。结果表明,精细化汇流信息缺失会导致地块尺度下径流峰值模拟将近 1 倍的高估(图 4.10(a)~(d))。随着降雨强度的增大,下游透水区土壤孔隙趋于饱和,这种影响会逐渐减小,但对水文过程线形态的影响依然显著(图 4.10(e)~(f))。

4.3.2　片区尺度下模型网格尺度变化的影响

1. 对地表汇流特性描述的影响

图 4.11 展示了模型网格尺度对产流关键参数(包括不透水率和填洼量)的影响。结果表明,随着模型网格尺度的增大,不同网格间的参数异质性显著降低,但参数的平均值保持稳定。例如 10 m 模型下,网格不透水率涵盖 0~100% 整个区间;250 m 模型下网格不透水率范围仅为 20%~70%;但对于任何一个模型,网格不透水率的平均值均约为 50%。对于具有不同网格尺度的模型,保持产流关键参数平均值的高度一致有利于从源头控制产流的差异。

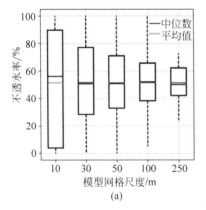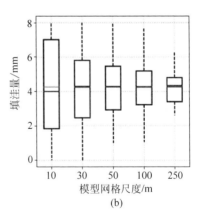

图 4.11　模型网格尺度对产流关键参数的影响

(a) 不透水率;(b) 填洼量

网格尺度对模型产流关键参数的影响基本得到控制后,对地表汇流特性描述的影响则成为导致模拟差异的主要因素。图 4.12 表明地表汇流特性对模型网格尺度十分敏感。随着模型网格尺度的增大 P^{imp} 显著增加,且逐渐逼近流域总不透水面积比例(total impervious area ratio,TIAR)。这就说明随着模型网格尺度的增大,将逐渐丧失描述城市下垫面复杂汇流路径的能力,无法较好地反映透水-不透水区域间的连通关系,在很大程度上丢失了不透水区产流汇入相邻透水区域发生径流入渗的信息(认为不透水区域产流不需要流经相邻透水区域而直接进入排水系统)。如上文所述,受降雨条件等因素影响,P^p 的实际值存在一定的不确定性,故图 4.12 同时展示了 P^p_{min} 和 P^p_{max} 随模型网格尺度的变化。结果表明,模型网格尺度的增大将限制 P^p 的不确定性,但同样会导致高估的问题。原因在于,对于雨水管网入口密布的城市地区,网格尺度的增大将意味着有更多的模型网格单元直接连接到排水系统而非下游网格单元。即网格产流在进入排水系统(雨水管网、河道)前只需经过网格内坡面汇流,而不需要经历漫长、复杂的地表汇流过程。较大模型网格尺度下,正是这种对地表汇流过程描述的简化在很大程度上限制了 P^p 的不确定性。但同时,大的模型网格尺度也意味着网格内产流必须完成相应长度的网格内坡面汇流过程才可以进入排水系统,这又忽略了地表径流提前进入排水系统的可能性,继而导致对 P^p 的高估。这种高估将迫使地表产流不得不在更长距离上经受透水区域的渗、滞、蓄作用。

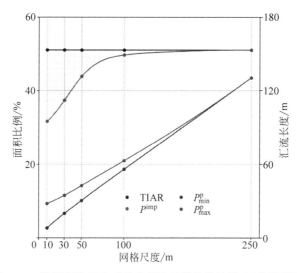

图 4.12　模型网格尺度对地表汇流特性描述的影响(前附彩图)

2. 对水文模拟的影响

以 10 m 模型为基准,针对 2012—2017 年观测得到的 18 个降雨个例,定量评估了模型网格尺度对模拟的影响。图 4.13 表明,模型网格尺度的变化主要影响下渗过程及河道流量过程的模拟,且对两者的影响程度基本相当。可以认为不同模型对下渗模拟的差异是造成河道流量模拟偏差的主要原因。

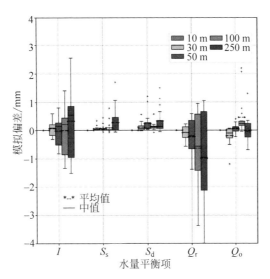

图 4.13　模型网格尺度对水量平衡各个组分模拟的影响(前附彩图)

　　进一步分析不同降雨条件下模型网格尺度对下渗量及河道流量过程模拟的影响。结果表明,对于大雨和小雨条件,模型网格尺度的影响表现出不同的方向(见图 4.14)。小雨条件下,模型网格尺度增大将导致下渗量模拟的低估和总流量及峰值流量模拟的高估;大雨条件下影响则恰恰相反。由上文分析可知,模型网格尺度增大会造成对 P^{imp} 的低估,继而导致低估下渗量而高估河道流量;同时也会造成对 P^{p} 的高估,继而导致高估下渗量而低估河道流量。双向影响的发现意味着不同的降雨条件下影响模拟结果的主导因素发生了变化。在小雨条件下,透水区域具备足够的下渗能力来消纳汇入的客水,使得水文模拟结果对 P^{imp} 的变化十分敏感。这时对 P^{imp} 的描述偏差成为了控制模拟结果的主导因素,模型网格尺度增大将导致对河道流量的高估。在大雨条件下,透水区域土壤在接收本地降雨后基本达到饱和,无力再继续消纳汇入的客水,这使得 P^{imp} 对水文模拟的影响变得极其有限。然而,大尺度条件下高估的 P^{p} 则会使径流在透水区域上经过更长的距离再进入排水系统,这一漫长的汇流过程将有力地促进径流入渗。

这种情况下,对 P^p 的描述偏差将成为控制模拟结果的主导因素,模型网格尺度增大将导致对河道流量的低估。

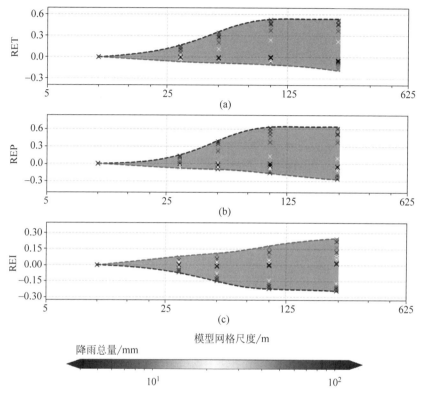

图 4.14　模型网格单元尺度对模拟结果的影响

（a）模拟总流量相对误差；（b）模拟峰值流量相对误差；（c）模拟下渗量相对误差

　　然而值得注意的是,相较于小雨条件下的模拟影响,强降雨事件下的模拟相对误差总体偏小。一方面是强降雨条件下河道流量通常较大,这在一定程度上会导致较大的绝对误差表现为较小的相对误差。另一方面,降雨总量大的降雨事件往往具有较长的降雨历时,期间强、弱降雨过程间歇性交替出现；这种条件下对水文模拟的低估和高估影响将同时存在,相互叠加而导致总的影响较小。这里针对两个极端降雨事件(降雨总量大、降雨历时长)对比分析了 10 m 和 250 m 模型的下渗过程模拟结果。结果表明,在降雨的初期或持续弱降雨的土壤未饱和阶段,250 m 模型模拟得到更少的下渗量；而在强降雨期间,250 m 模型则模拟得到更多的下渗量(见图 4.15)。这一结果对部分强降雨条件下影响不显著的现象给出了直观的解释。

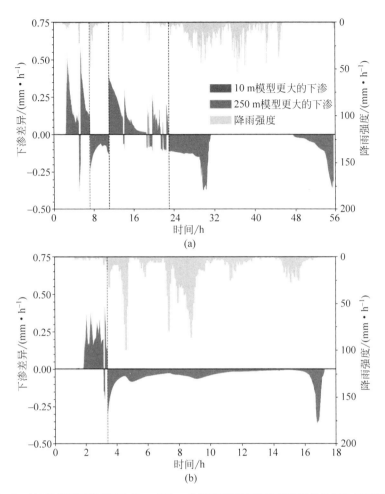

图 4.15　长历时强降雨过程下 10 m、250 m 分辨率模型下渗过程模拟结果对比（前附彩图）

(a) E160720 降雨个例；(b) E120721 降雨个例

注：下渗差异为 10 m 模型模拟结果减去 250 m 模型模拟结果所得，即绿色区域表示 10 m
模型下渗模拟结果更大，而红色区域则相反。

4.3.3　参数升尺度结果及其效果评估

图 4.16 展示了不同模型网格尺度下 P^{imp} 和 P_{r} 之间的关系。可以发现 P_{r} 的变化会对 P^{imp} 产生显著影响，随着 P_{r} 的增大 P^{imp} 将快速减小。在大网格尺度条件下（如 100 m、250 m 尺度），这种影响表现为线性规律。但随着模型网格尺度的减小，P^{imp} 和 P_{r} 间的关系逐渐演变为幂函数非线

性规律。基于上述认识，可通过设置参考 P^{imp} 值，继而反推 P_{r} 值的方法实现不同网格尺度下对地表汇流特性的统一描述。本研究以 10 m 模型为基准，对 30 m、50 m、100 m 和 250 m 模型的 P_{r} 值分别进行了计算，结果依次为 0.11、0.24、0.35 和 0.38。

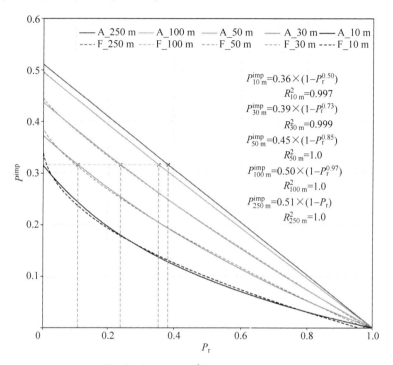

图 4.16　不同模型网格尺度下 P^{imp} 和 P_{r} 之间的关系（前附彩图）

注：虚线表示对二者关系采用幂函数进行拟合的结果；图片右侧给出了具体公式和决定系数（R^2），变量下标（如 10 m、30 m 等）表示不同的模型网格尺度；图例中"A"表示实际值，"F"表示拟合值。

以 10 m 模型为基准，根据不同网格尺度模型对 $P^{\text{p}}_{\text{max}}$ 和 $P^{\text{p}}_{\text{min}}$ 的描述，计算得到相应 n 值的上下边界，如图 4.17 黑色实曲线所示。考虑到降雨强度增加有利于网格单元产流在透水区域汇流更长的距离，继而削减了不同网格尺度模型对 P^{p} 描述的差异，而地表粗率值的降低幅度则相应较小。结合降雨信息，在参考区域内（黑色实曲线所限定区域内）对参数 n 进行取值使得不同网格尺度模型模拟结果趋于一致，具体结果如图 4.17 所示。可以发现，不同降雨条件下的糙率-尺度关系曲线对 n 值参考区域做了进一步细分，可为相似区域内不同网格尺度下参数 n 的取值提供更加准确的参考。结合相应尺度下 P_{r} 的升尺度结果，即得到了完整的模型参数升尺度方案。

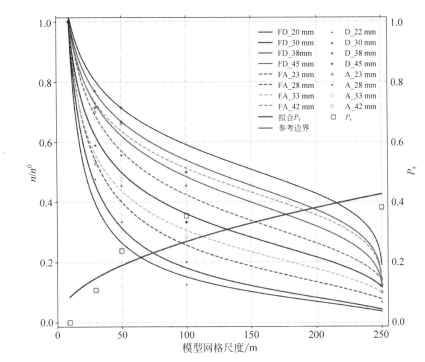

图 4.17　不同网格空间尺度和降雨条件下模型关键参数(n 和 P_r)的升尺度结果(前附彩图)

注：左侧纵坐标表示升尺度后的透水区糙率值(n)与其原始值(n^0)的比，右侧纵坐标表示升尺度后的 P_r 值。黑色实线为不同网格尺度下透水区地表糙率取值的上下参考边界。空心圆(○)和加号(＋)分别表示实际和设计降雨事件下地表糙率(n)的参数升尺度结果，散点大小代表 1.5 h 最大降雨强度，彩色线条(实线和虚线)为地表糙率(n)变化趋势的拟合曲线。"FD"表示设计降雨条件下参数值的拟合曲线；"FA"表示实际降雨条件下参数值的拟合曲线；"D"表示设计降雨条件下的参数值；"A"表示实际降雨条件下的参数值。

　　图 4.18 展示了弱降雨、强降雨和极端降雨条件下采用上述参数升尺度方案得到的模拟结果。可以看到在采用参数升尺度方案之前，不同网格尺度模型的河道流量模拟结果存在显著差异(见图 4.18(a)、图 4.18(c)、图 4.18(e))。尤其体现在对峰值流量的模拟，其相对偏差可能超过 60%。采用参数升尺度方案之后，在不同的降雨条件下大网格尺度模型的模拟精度均得到了明显提高。其中，弱降雨条件下最大峰值流量相对偏差的绝对值由 67% 降低至 9.6%，最小 NSE 由 0.78 提高到 0.98，见图 4.18(a)～(b)；强降雨条件下，最大峰值流量绝对偏差的绝对值由 2.3 m³/s 降低至 0.2 m³/s，见图 4.18(c)～(d)；极端降雨条件下，最大峰值流量相对偏差的绝对值由 12.4% 降低至 3.6%，见图 4.18(e)～(f)。

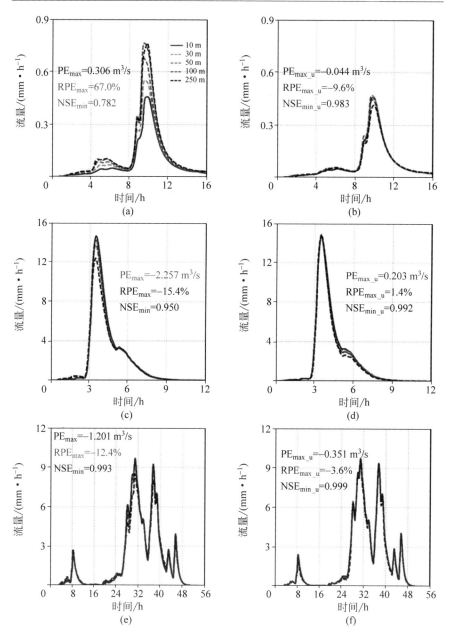

图 4.18　参数升尺度方案的效果评估（前附彩图）

（a）、（b）弱降雨事件（E170605）；（c）、（d）强降雨事件（E170714）；

（e）、（f）极端降雨事件（E160720）

注：NSE_{min} 表示 NSE 的最小值，PE_{max} 和 RPE_{max} 分别表示峰值流量绝对偏差和相对偏差的最大值。NSE_{min_u}、PE_{max_u} 和 RPE_{max_u} 则表示采用参数升尺度方案后的相应指标值。

4.3.4　雨水管网概化对城市雨洪模拟的影响

图 4.19 展示了不同降雨条件下管网概化对城市雨洪模拟的影响。可以发现,如果忽略全部的雨水管道(S3 情景),大部分地表产流将不能进入河道,导致河道内流量接近于零,与现实状况严重不符;如果对管网进行一定程度的概化(S1 和 S2 情景),洪水过程的形态和洪水的峰现时间基本可以保持一致,但对洪水总量和洪水峰值的模拟则会出现不同程度的偏差。

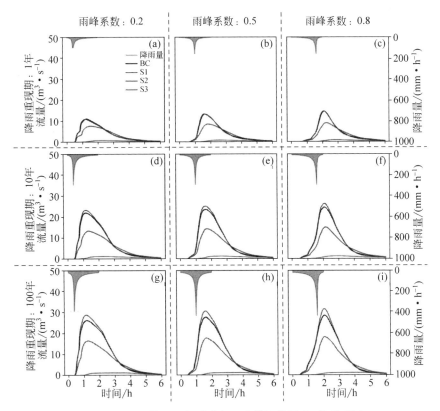

图 4.19　雨水管网概化对城市雨洪模拟的影响(前附彩图)

结果表明,仅忽略 0~0.2 m 管径的雨水管道(S1 情景),在一年一遇降雨条件下基本不会影响模拟结果。但随着降雨强度的增加(10 年一遇;100 年一遇),一级雨水管网概化会导致洪水峰值模拟轻微的高估。这主要是因为大暴雨条件下细小管道排水能力不足,局部管道节点会发生溢流而导致地表产流不能及时排入河道。S1 情景下,雨水管网的收水能力基本没有受到影响,但排水能力却因为摆脱了末端细小管段的掣肘而得到了改善,最终导致河道洪峰轻微的增大。在二级概化条件下,由于雨水管道收水能力明显降低,大量地表产流将沿道路汇流,难以进入河道,这样河道洪水的低估便成为必然。就本研究区而言,忽略 0.4 m 管径以下的雨水管道会导致洪峰流量约 50% 的低估。

4.4　本　章　小　结

城市下垫面地表覆盖成分繁多、汇流条件复杂,需要高分辨率数据捕捉以精细化水文模型刻画。为深化城市雨洪模拟中模型网格尺度效应的认识,揭示其影响机理和不同尺度下模型关键参数的变化规律,本章以清华大学校园为研究区构建了不同网格尺度的 gUHM 模型(包括 10 m、30 m、50 m、100 m 和 250 m),针对校园雨滴谱仪观测得到的 18 个降雨个例及若干具有相同时间模式的设计降雨事件进行了分析。本章研究发现:

1. 网格尺度变化对地表汇流特性描述的影响十分显著。大网格尺度会导致地表汇流特性 P^{imp} 和 P^P 的明显高估,继而影响河道流量过程模拟。其中,P^{imp} 的高估会导致流量模拟的高估;而 P^P 的高估则会导致流量模拟的低估。

2. 网格尺度变化对河道流量模拟的影响十分显著。不同的降雨条件下,主导模拟结果的地表汇流特性因子不同,从而导致了影响的双向性。强降雨条件下,P^P 发挥主导作用,网格尺度增大将低估河道流量;弱降雨条件下,P^{imp} 发挥主导作用,网格尺度增大的影响则相反。

3. 透水区域地表糙率(n)和次网格汇流比例(P_r)是模型的关键汇流参数,存在极强的尺度依赖性。可基于不同尺度模型对地表汇流特性的具体描述与真实地表汇流特性间的差异推算得到变化尺度下的参数化方案,提高低分辨率模型的模拟精度。

在全球气候变化和持续城市化背景下,如何实现城市洪水的高效精准模拟已经成为业内的重大关切。本书定量揭示了网格尺度和地表汇流特性描述的关系,解释了网格尺度、地表汇流特性描述和城市暴雨洪水模拟三者之间的链式影响关系,提出了基于物理过程的模型关键参数升尺度方案,使得低分辨率模型能够充分利用高精度下垫面信息以改善模拟表现,有力促进了城市复杂汇流条件下暴雨洪水模拟精度和效率的平衡,同时将城市水文在尺度方面的研究推进了一步。此外,鉴于部分水文参数存在强烈的尺度依赖性,建议对城市水文模型采用基于网格尺度的参数设置方案,而非仅通过参数率定强制模型给出好的结果。

第 5 章　X 波段双偏振雷达测雨对城市雨洪模拟的贡献

受全球气候变化和持续城市化影响,越来越多的城市人口被暴露于洪水隐患之下。城市洪水预报作为一项重要的非工程措施,有利于减少人员伤亡和经济损失,但同时也对降雨驱动数据的分辨率提出了很高要求。当前围绕降雨时间分辨率的研究相对较多,但由于缺乏高空间分辨率降雨观测及与之空间匹配的城市雨洪模型,对降雨空间分辨率的影响及其需求的认识依然不足。本章以北京市清河流域为研究区,耦合城市雨洪模型与 X 波段双偏振天气雷达降雨观测(空间分辨率 75 m,时间分辨率 3 min),从街区、(排水)片区和流域 3 个尺度对降雨空间分辨率效应进行了全面的研究,旨在回答以下 4 个问题:①降雨空间分辨率如何以及在多大程度上影响城市雨洪模拟;②降雨偏差将以多大比例转化为雨洪模拟偏差;③不同尺度下水文应用的临界降雨空间分辨率是多高;④降雨空间分辨率变化为什么会影响城市雨洪模拟。5.1 节介绍了研究区概况及本章研究所涉及的地理、水文、气象数据;5.2 节阐述了 X 波段双偏振雷达降雨反演方法、清河流域 gUHM 模型构建方法、多尺度情景设置方案、雨洪模拟影响评价方法以及降雨时空特性评价方法;5.3 节针对上述提到的 4 个问题依次做出了回答;5.4 节对本章研究的创新性、贡献和局限性做了讨论;5.5 节基于上述工作给出了一些结论和建议。

5.1　研究区域和数据集

5.1.1　研究区概况

清河流域位于北京市中心城区北部,源起西山碧云寺,横跨海淀、朝阳、昌平三区,包含山区、平原和平原低洼区三种地形,总面积约 $200~\text{km}^2$。近年来在快速城市化背景下,流域内不透水面积占比已超过 50%,且管网密集、高楼林立、道路纵横,具备典型的城市化流域特征。流域内形成了包括坡面、管网、河道在内的多层次排水格局。其中,雨水管网负责收集所有街区的暴雨径流,并将其汇入河道;而以清河为主的河道则负责将大量来水快速排放至位于流域下游的温榆河。

从气候条件来看,清河流域属于温带半干旱半湿润大陆性季风气候,春秋短促而冬夏漫长,多年平均降雨量约 660 mm,但年内分配不均,主要集中在 6~8 月(卢丽,2017)。纵观清河历史,大洪水事件多发生在 7 月下旬和 8 月上旬。例如 1963 年 8 月 8 日,清河流域遭遇 24 h 最大降雨量超 400 mm 的特大暴雨,清河全线漫溢,淹没农田 3.4 万亩,周边 17 个村庄受到不同程度的影响;2012 年 7 月 21 日,清河流域再次遭遇特大暴雨,流域内低洼区域均出现严重积水现象,给道路交通带来巨大影响。从社会经济条件来看,清河流域内聚集了清华大学、北京大学等众多国内高校,包含了中关村科技园等许多高科技园区,涉及人口超过 300 万。流域内人口和社会资产的广泛聚集使得清河流域面对洪涝灾害表现出很高的易损性,需要高度重视。从现有气象监测条件来看,清河流域内部署了多台雨滴谱仪和微型气象站,且可以被位于顺义和昌平的两台 X 波段双偏振天气雷达很好地覆盖,极大地满足了本章研究对精细化降雨数据的需求。此外,清河流域下游配置了水文观测站,可为城市雨洪模型的验证提供必要的观测数据。

5.1.2　地理分布数据

城市下垫面地表覆盖成分复杂、破碎度高,既有建筑物、道路等大量的不透水面,也包括乔木、灌木、草地等众多的植被类型。为把握下垫面精细化信息,本研究采用了来自清华大学地球系统科学系的 10 m 空间分辨率地表覆盖类型数据(Gong et al.,2019);使用了来自 NASA 的 30 m 空间分辨率 DEM 数据;利用了来自世界土壤数据库(harmonized world soil database,HWSD)的 1 km 空间分辨率土壤类型空间分布数据;应用了来自当地水务管理部门的河网水系数据。为模拟雨水管道的排水过程,基于 OSM 所提供的道路空间分布信息和现场调研结果构建了清河流域排水管网数据。以抓住主干雨水管道为目的,这里仅考虑主干和次干两级道路,并假设所有雨水管道均位于道路下方,具有与道路相同的空间分布。通过实地调研和咨询相关管理部门,主干和次干道路下方分别采用长方形涵管和圆管,均为钢筋混凝土材质,埋深 1 m,坡度 1%。考虑到本研究主要关注流量而非积水过程,为减小管道溢流带来的影响,这里假设所有管道直径均沿程不变,且根据实际情况采用较大的管径值以确保排水能力足够。将长方形涵管截面尺寸设置为 3000 mm×2500 mm,圆管直径设置为 2000 mm。

5.1.3　降雨数据

利用位于清河流域以北的两部 X 波段双偏振天气雷达(BJXCP 雷达和 BJXSY 雷达)对流域内降雨进行监测,获得时间、空间分辨率分别为 3 min、75 m 的精细化降雨数据。两部天气雷达型号规格相同:最小探测距离为 750 m;最大探测距离为 75 km;波束宽度为 0.95°。两部雷达均采用 VCP21 扫描模式,在 3 min 内完成从 0.5°、1.45°、2.4°到 19.5°等 9 个不同仰角的扫描。低仰角观测区域贴近地面,有利于得到更加准确的地面降雨信息,但同时也容易受到地形遮挡的影响,因而观测范围有限。本研究为平衡降雨观测范围和精度,统一采用 1.45°仰角观测数据;所用雷达技术参数详见表 5.1。清河流域内所有区域距两部雷达的最远距离不足 50 km,而最小距离则远大于 750 m,完全处于两部雷达的有效观测范围之内。两部雷达自 2017 年开始运行,本章研究综合考虑降雨强度和降雨空间分布,从所有观测中挑选了 7 个具有代表性的降雨个例。其中降雨个例 E1、E4、E5、E6 和 E7 来自 BJXSY 雷达观测;降雨个例 E2 和 E3 来自 BJXCP 雷达观测。表 5.2 总结了 7 个典型降雨个例的主要特征。其中,不同降雨个例的流域平均降雨总量分布在 10～120 mm,流域平均降雨峰值强度在 10～30 mm/h 变化,暴雨云团移动路径涉及西北和西南两个方向。降雨的空间分布模式可分为流域中心分布(如 E1 降雨个例)和流域边缘分布(如 E4 和 E5 降雨个例)两类,见图 5.1。此外,10 个微型气象站均匀分布在流域之内,可提供每小时降雨数据。根据上述典型降雨个例发生时段提取相应的台站数据,可为雷达降雨反演产品的评估检验准备好必要的条件。

表 5.1　雷达技术参数

参　数　名	参　数　值
极化方式	双极化
空间分辨率	75 m
最小探测距离	750 m
最大探测距离	75 km
时间分辨率	3 min
波束宽度	0.95°
仰角	1.45°
工作频率	9.475 GHz
最大不模糊径向速度	5.1 m/s

注:本研究所用雷达均采用 VCP21 体积扫描模式进行降雨观测,表中仰角为本研究最低有效仰角。

表 5.2　清河流域典型降雨个例特征汇总

降雨个例 （缩写）	日期（UTC）	降雨总量（流 域平均）/mm	降雨峰值强度 （流域平均）/ $(mm \cdot h^{-1})$	风暴移 动方向
Event1（E1）	2017/07/13—2017/07/14	51.32	20.95	↘
Event2（E2）	2017/08/08	11.82	23.54	↘
Event3（E3）	2017/08/11—2017/08/12	34.59	22.78	↗
Event4（E4）	2017/08/22	35.05	11.12	↗
Event5（E5）	2018/07/15—2018/07/17	116.64	29.42	↗
Event6（E6）	2018/08/07—2018/08/08	18.36	21.30	↗
Event7（E7）	2018/08/10—2018/08/11	20.89	26.62	↗

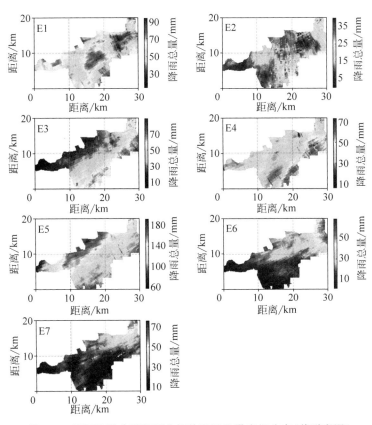

图 5.1　清河流域典型降雨个例的降雨总量空间分布（前附彩图）

5.1.4　水文资料

羊坊水文观测站位于清河流域下游,基本控制了流域内所有的城市化区域,对河道水位进行逐小时观测。鉴于河流水位与流量之间存在很强的相关性,河道水位的良好复现可以在很大程度上反映模型对河道流量的模拟能力(Liao et al.,2007;Lindner et al.,2012)。本研究从当地水务管理部门收集了 E1、E2、E3 和 E6 降雨个例对应时段内的河道水位观测数据,为模拟结果的定量评估提供参考。

5.2　研　究　方　法

5.2.1　雷达降雨反演

除径向速度(V_r)和反射率因子(Z_H)外,X 波段双偏振雷达还可以探测到差分传播相移(φ_{dp})、差分传播相移率(K_{dp})、差分反射率因子(Z_{DR})和相关系数(ρ_{hv})等更多的偏振参量(Bringi et al.,2001),这使得对水凝物的多维描述成为了可能,也为降雨定量估计提供了更多方法。与 Z_H 相比,K_{dp} 不受信号衰减的影响(Ryzhkov et al.,1996),这有助于实现更准确的降雨估计,尤其是对于雷达信号易于发生衰减的强降雨事件。因此,这里选择基于 K_{dp} 的方法来定量估计瞬时降雨率(R),如式(5-1)所示:

$$R(K_{dp}) = a \times K_{dp}^b \tag{5-1}$$

其中,K_{dp} 表示差分传播相移率(°/km);$R(K_{dp})$ 表示给定 K_{dp} 下的降雨率(mm/h);a 和 b 是与降雨特征相关的统计参数。基于北京市 11 台激光雨滴谱仪大量的降雨观测数据,拟合得到了适宜的参数组合($a=15.83$;$b=0.7727$)。在降雨定量估计之前,首先对雷达观测参量进行了质量控制,包括两个关键步骤:①根据 ρ_{hv} 的值和 Z_H 的纹理(即标准偏差)消除非气象回波;②用线性规划算法校正 φ_{dp},以确保其距离导数(即 K_{dp})服从非负约束(McGraw et al.,2013)。

基于式(5-1)计算得到空间分辨率为 75 m 的极坐标网格降雨产品。为了与 gUHM 模型更好耦合,同时为后续降雨空间升尺度工作打下基础,需将 75 m 极坐标降雨数据投影到直角坐标系并重采样至 100 m 规则矩形网格。针对微型气象站降雨观测,采用相关系数(CC)、均方误差(MSE)、均方根误差(RMSE)、归一化的均方根误差(NRMSE)4 个指标对 7 个典型个例

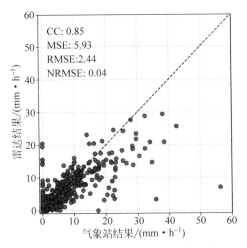

图 5.2　雷达降雨反演结果定量评估

所有的逐小时雷达降雨反演结果进行评估。图 5.2 表明,雷达降雨反演结果与气象站降雨观测结果的相关系数达到了 0.85,均方误差为 5.93,均方根误差为 2.44,归一化的均方根误差为 0.04,表现出良好的一致性。随后,将 100 m 网格降雨数据空间聚合到另外 5 个水文模型常用的降水空间分辨率,升尺度得到 300 m、500 m、1 km、3 km 和 10 km 网格降雨数据。

5.2.2　降雨时空特性评价体系

X 波段双偏振天气雷达可提供具有高时空分辨率的降雨观测数据,用于精细化描述降雨时间变化和空间分布。基于精细化降雨数据,建立与之相适应的降雨时空特性评估方法对探索和理解降雨空间分辨率变化的相关影响及揭示高分辨率降雨监测的意义十分重要。就网格化降雨产品而言,当前已有的降雨特性评价指标主要包括平均降雨强度、峰值降雨强度、15 min 最大降雨强度、降雨核心覆盖比例、降雨落区至河道出口的距离和降雨时空变异性(Cristiano et al.,2019;Emmanuel et al.,2012;ten Veldhuis et al.,2018;Zhou et al.,2021)。以此为基础,考虑不透水面空间分布、雨水管网、道路等城市要素,以及所关注水文尺度的变化,提出了 16 个降雨时空特性评价指标,对现有评价体系做了进一步发展和丰富。16 项指标中,8 项用于描述降雨时间特性(见表 5.3),另外 8 项则与降雨空间特性有关(见表 5.4)。

表 5.3　降雨时间特性评价指标

类型	符号	单位	公式	编号
历时	R_d	h	$R_d = \dfrac{1}{20}\displaystyle\int_0^T I[R(t)]\mathrm{d}t,$ $I[R(t)] = \begin{cases} 1, & R(t) \geqslant 1\ \mathrm{mm \cdot h^{-1}} \\ 0, & R(t) < 1\ \mathrm{mm \cdot h^{-1}} \end{cases}$	(5-2)
总量	R_t	mm	$R_t = \displaystyle\int_0^T R(t)\mathrm{d}t,$ s.t. $R(t) \geqslant 1\ \mathrm{mm \cdot h^{-1}}$	(5-3)
强度	R_m	mm/h	$R_m = R_t/R_d$	(5-4)
	R_p	mm/h	$R_p = \max_{t \in [0,T]}(R(t))$	(5-5)
	$R_{\max,15\ \min}$	mm/h	$R_{\max,15\ \min} = 4\max_{t \in [0,T-0.25]}\left\{\displaystyle\int_t^{t+0.25} R(t)\mathrm{d}t\right\}$	(5-6)
	$R_{\max,30\ \min}$	mm/h	$R_{\max,30\ \min} = 2\max_{t \in [0,T-0.5]}\left\{\displaystyle\int_t^{t+0.5} R(t)\mathrm{d}t\right\}$	(5-7)
	$R_{\max,60\ \min}$	mm/h	$R_{\max,60\ \min} = \max_{t \in [0,T-1]}\left\{\displaystyle\int_t^{t+1} R(t)\mathrm{d}t\right\}$	(5-8)
时间变异性	R_{sd}	mm/h	$R_{sd} = \sigma[R(t)],$ s.t. $R(t) \geqslant 1\ \mathrm{mm \cdot h^{-1}}$	(5-9)

表 5.4　降雨空间特性评价指标

类型	符号	单位	公式	编号
空间变异性	V_s	mm/h	$V_s = \displaystyle\int_0^T \sigma(t)R(t)\mathrm{d}t \Big/ \int_0^T R(t)\mathrm{d}t,$ s.t. $R(t) \geqslant 1\ \mathrm{mm \cdot h^{-1}}$	(5-10)
降雨比例	$F_{\mathrm{rain,imp}}$	%	$F_{\mathrm{rain,imp}} = \displaystyle\int_0^T\!\!\int_A \dfrac{R_{\mathrm{imp}}(x)R(t,x)\mathrm{d}x\,\mathrm{d}t}{AR_t},$ s.t. $R(t) \geqslant 1\ \mathrm{mm \cdot h^{-1}}$	(5-11)
	$F_{\mathrm{rain,EFI}}$	%	$F_{\mathrm{rain,EFI}} = \displaystyle\int_0^T\!\!\int_A \dfrac{R_{\mathrm{EFI}}(x)R(t,x)\mathrm{d}x\,\mathrm{d}t}{AR_t},$ s.t. $R(t) \geqslant 1\ \mathrm{mm \cdot h^{-1}}$	(5-12)

续表

类型	符号	单位	公式	编号
覆盖比例	F_{cov}	%	$F_{cov} = \max_{t \in [0,T]} \left\{ \int_A I[R(t,x)] \mathrm{d}x \right\} / A$, $I[R(t,x)] = \begin{cases} 1, & R(t,x) \geqslant 25 \text{ mm} \cdot \text{h}^{-1} \\ 0, & R(t,x) < 25 \text{ mm} \cdot \text{h}^{-1} \end{cases}$	(5-13)
	$F_{cov,imp}$	%	$F_{cov,imp} = \max_{t \in [0,T]} \left\{ \int_A I[R(t,x)] R_{imp}(x) \mathrm{d}x \right\} / A$	(5-14)
落区距离	$D_{ove,rain}$	km	$D_{ove,rain} = \int_0^T \int_A \dfrac{d_{ove}(x) R(t,x) \mathrm{d}x \, \mathrm{d}t}{A R_t}$, s. t. $R(t) \geqslant 1 \text{ mm} \cdot \text{h}^{-1}$	(5-15)
	$D_{tor,rain}$	km	$D_{tor,rain} = \int_0^T \int_A \dfrac{d_{tor}(x) R(t,x) \mathrm{d}x \, \mathrm{d}t}{A R_t}$, s. t. $R(t) \geqslant 1 \text{ mm} \cdot \text{h}^{-1}$	(5-16)
	$D_{tot,rain}$	km	$D_{tot,rain} = \int_0^T \int_A \dfrac{d_{tot}(x) R(t,x) \mathrm{d}x \, \mathrm{d}t}{A R_t}$, s. t. $R(t) \geqslant 1 \text{ mm} \cdot \text{h}^{-1}$	(5-17)

　　根据其物理意义,用于描述降雨时间特性的 8 个指标可分为 4 组:
①降雨历时(R_d);②降雨总量(R_t);③降雨强度(R_m 为平均降雨强度、R_p
为峰值降雨强度、$R_{max,15\,min}$ 为最大 15 min 降雨强度、$R_{max,30\,min}$ 为最大
30 min 降雨强度、$R_{max,60\,min}$ 为最大 60 min 降雨强度);④降雨时间变异性
(R_{sd})。需要注意的是,鉴于流域的填洼下渗作用,认为仅当流域平均降雨
强度大于 1 mm/h 时为有效降雨,相应时次为有效降雨时次。这一条件具
体反映在指标 R_d、R_t 和 R_{sd} 的计算当中。这里,$R(t)$ 表示 t 时刻(时间步
长为 3 min)下流域的平均降雨强度(mm/h);T 表示降雨数据的时段长
度,一般为降雨日的 0 点到 24 点(即 24 h)。对于持续多天的降雨过程,为
降雨首日的 0 点到降雨结束日的 24 h(即 24 h 的倍数)。
　　降雨空间特性评价指标同样可分为 4 组:①降雨空间变异性(V_s);
②降雨比例($F_{rain,imp}$ 为落在不透水区的降雨比例、$F_{rain,EFI}$ 为落在有效不
透水区的比例);③覆盖比例(F_{cov} 为暴雨云团在整个流域的覆盖比例、
$F_{cov,imp}$ 为暴雨云团与不透水区的交集部分在整个流域的覆盖比例);④落
区距离($D_{ove,rain}$ 为降雨落区距离雨水管道的距离、$D_{tor,rain}$ 为降雨落区距

离河道的距离、$D_{tot,rain}$ 为降雨落区距离流域出口的距离)。其中,有效不透水区域特指与排水系统(管网或河道)直接连接的不透水区域,即该区域产流在地表汇流过程中不经过透水区域而直接进入排水系统;暴雨云团特指降雨强度大于 25 mm/h 的空间连续区域。与降雨时间特性指标的计算保持一致,除降雨覆盖比例外,其他降雨空间特性指标的计算均只针对流域平均降雨强度大于 1 mm/h 的降雨时次。这里,$\sigma(t)$ 表示 t 时刻下流域降雨强度的标准差(mm/h);A 表示流域面积(km^2);$R(t,x)$ 表示 t 时刻下 x 网格(100 m×100 m)处的降雨强度(mm/h);$R_{imp}(x)$ 表示 x 网格的不透水率(%);$R_{EFI}(x)$ 表示 x 网格的有效不透水率(%);$d_{ove}(x)$ 表示 x 网格距雨水管道的距离,即地表汇流长度(km);$d_{tor}(x)$ 表示 x 网格距河道的距离,即地表汇流长度与管道汇流长度的和(km);$d_{tot}(x)$ 表示 x 网格距流域出口的距离,即地表汇流长度、管道汇流长度、河道汇流长度三者的总和(km)。

5.2.3 清河流域 gUHM 模型构建

为避免城市暴雨洪水模型空间分辨率不足而导致精细化降雨空间信息丢失,基于精细化地表高程数据、土壤类型数据、地表覆盖数据和管网分布数据,构建空间分辨率为 100 m(即雷达降雨数据集中最高的空间分辨率)的清河流域 gUHM 模型。清河流域 gUHM 模型考虑了坡面、管道及河道 3 层排水结构,开启了地表产流、坡面汇流、管渠排水 3 个计算模块,包含了约 2 万个地表计算单元,有能力模拟从地表产流到坡面汇流,再到管道排水,最后到河道汇流的整个城市水文响应过程。

清河流域 gUHM 模型采用雷达降雨数据驱动,根据 100 m 降雨数据下的模拟结果对模型参数进行率定。考虑到不透水率及排水系统糙率可由下垫面地表覆盖类型和排水系统材质直接决定,不确定性较小,不需要率定。城市土壤则可能由于人类活动而被压实或翻松,导致土壤下渗参数(如饱和导水率、湿润峰处的土壤吸力和土壤初始缺水率)具有较大的不确定性,会显著影响模拟结果。另外考虑到 100 m 网格可能不足以完全刻画出地表汇流路径,根据第 4 章研究成果需对参数 n 和 P_r 做适当调整。因此,针对 4 个降雨个例(E1、E2、E3 和 E6)下的河道水位观测数据,对上述与土壤下渗相关的 3 个关键参数及 2 个关键的模型汇流参数进行了率定。图 5.3 展示了参数率定后模型的模拟结果。可以发现,模拟与观测结果间的 NSE 基本可达到 0.7,甚至接近 0.9;峰值误差则基本可控制在 0.1 m

之内，表现出高度的一致性。这也证明清河流域 gUHM 模型具有较高的可靠性。后续不同空间分辨率下的所有降雨个例模拟均采用上述率定所得到的参数方案。

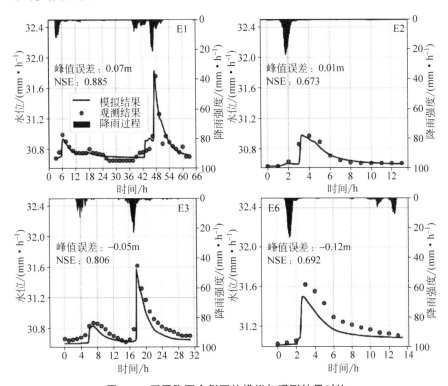

图 5.3　不同降雨个例下的模拟与观测结果对比

注：实线和圆点分别表示羊坊站位置模拟和观测水文过程线；深色区域表示流域平均的降雨过程。

5.2.4　城市水文过程的典型尺度界定

城市汇流过程具有明显的自然-社会二元特性。地表产流通过坡面、管道及河道所组成的立体多层次排水体系汇入下游。因此城市水文过程尺度的定义不仅要考虑集水区面积，同时要考虑排水方式。本书综合以上两个方面（面积和排水方式），提出了城市水文过程的 3 个典型尺度：街区尺度、排水片区尺度和流域尺度。图 5.4 展示了 3 个不同城市水文尺度间的差异和联系。街区通常被定义为以封闭街道为边界并布有建筑物的空间，是城市规划的基本功能单元，最小面积为 0.01 km² (Long et al.，2016；Xia et al.，2020)。在街区尺度，坡面汇流是主要的排水方式。多个街区则构成了一个排水片区,面积一般为几平方千米,排水方式在坡面汇流的基础上引入了雨水管道汇流。多个排水片区则会进一步构成一个流域,这时河道成为重要的排水通道,会将雨水管网收集的地表径流快速排到下游。考虑到模型网格单元尺度为 0.01 km²,这里直接选择了约 10 000 个上游网格单元(即无径流汇入的单元)用于街区尺度的影响研究。根据排水管网的拓扑结构,选择了 25 个面积位于 1～10 km² 范围内的集水区用于排水片区尺度的影响研究。流域尺度的影响研究则直接基于整个研究区域(清河流域)进行。

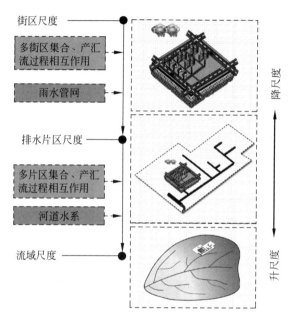

图 5.4　城市水文过程的典型尺度

5.2.5　水文影响评价方法

以 100 m 降雨数据驱动下的模拟结果为基准,从径流总量和径流峰值两个方面对降雨空间分辨率的影响进行评估,如式(5-18)所示:

$$\text{Bias}_{\text{rel}} = \frac{\text{Var}_x - \text{Var}_{100\text{ m}}}{\text{Var}_{100\text{ m}}} \times 100\% \tag{5-18}$$

其中 Bias_{rel} 表示模拟的相对偏差;$\text{Var}_{100\text{ m}}$ 和 Var_x 分别表示降雨分辨率为 100 m 和 x 下的水文变量(径流总量或径流峰值)模拟值。

采用式(5-19)计算从雷达降雨到径流模拟的偏差转化率。同样考虑从降雨总量到径流总量的偏差转化率和从降雨峰值到径流峰值的偏差转化率两个方面。

$$R_{trans} = \frac{Bias_{d,abs}}{Bias_{r,abs}} \times 100\% \qquad (5-19)$$

其中 R_{trans} 表示从雷达降雨到径流模拟的偏差转化率；$Bias_{r,abs}$ 和 $Bias_{d,abs}$ 分别表示同一降雨事件、同一分辨率下降雨描述和流量模拟的绝对偏差。这里绝对偏差的计算以 100 m 降雨数据和 100 m 降雨数据驱动下的模拟结果为基准。

5.3　结果分析

　　针对 42 种降雨输入(7 个降雨个例 × 6 种降雨空间分辨率)和超过 10 000 个目标区域(约 10 000 个街区 + 25 个排水片区 + 1 个流域)，可得到超过 40 万组降雨统计结果(不同组合条件下的面降雨总量和面降雨峰值)和径流模拟结果(不同组合条件下的径流总量和径流峰值)。以 100 m 降雨观测及其驱动下的水文模拟结果为基准，继而可统计得到不同水文尺度(街区尺度、排水片区尺度和流域尺度)下降雨描述和径流模拟的偏差集合及特定水文尺度下针对任一降雨个例的子偏差集合。结果分析围绕以下 4 个方面展开：①降雨空间变异性对多尺度暴雨径流模拟的影响；②雷达降雨到径流模拟的偏差传播规律；③不同城市水文尺度下的降雨空间分辨率阈值；④降雨空间分辨率降低对城市洪水模拟的影响机制。旨在通过综合多个典型尺度，兼顾宏观影响和不确定性变化，识别重要降雨时空特性，加强对降雨空间分辨率效应的理解，深化对城市地区开展精细化降雨监测价值的认识。

5.3.1　降雨空间变异性对径流模拟的影响分析

　　分辨率降低所导致的降雨空间变异性影响被认为是城市水文模拟中关键的误差来源，且在不同尺度下表现出明显差异。本书以径流总量和径流峰值模拟的相对偏差为评价指标，从街区、排水片区和流域 3 个尺度综合评估了降雨空间变异性的影响。以偏差集合的中位数表示降雨空间变异性的总体影响，以上下四分位数区间反映影响的不确定性。

1. 对径流总量的影响

结果表明,降雨空间变异性对径流总量模拟的影响同时存在低估和高估的可能,且会随着降雨空间分辨率的降低而逐步加剧(见图 5.5(a))。在街区尺度上,如果采用 10 km 降雨数据,径流总量的模拟偏差可能达到±20%;在排水片区尺度上,径流总量模拟对降雨空间变异性的描述表现得更加敏感,当降雨空间分辨率降低至 3 km 即有可能导致±20%的模拟偏差;在流域尺度上,径流总量模拟对降雨空间变异性描述的敏感性相对较弱,即使空间分辨率降低至 10 km,模拟偏差依然可以保持在 10%以内。从集合中位数的角度来看,降雨空间变异性对径流总量的影响基本为零。这是因为降雨空间升尺度虽然改变了降雨的空间分布模式,影响了小尺度降雨空间变异性的描述,但不同空间分辨率下降雨总量基本可以保持一致。

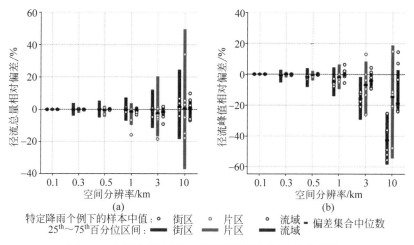

图 5.5　降雨空间变异性对径流模拟的影响(前附彩图)
(a) 径流总量;(b) 径流峰值

2. 对径流峰值的影响

图 5.5(b)表明,径流峰值低估是降雨空间变异性的主导影响(根据偏差集合的中值)。随着降雨空间分辨率的降低,不同水文尺度下这种低估效应均会被显著放大。总体而言,降雨空间变异性对径流峰值模拟的影响在街区尺度最为突出,在 10 km 降雨条件下,偏差集合的中值将超过 40%。在排水片区尺度,这一影响同样显著。需要注意的是,一旦降雨空间分辨率

低于 1 km,片区尺度上的影响相比于街区尺度将呈现出更大的不确定性,甚至有量级的变化(特定降雨-下垫面组合条件下)。这种模拟偏差随着水文尺度增大而增大的影响"悖论"在径流总量的模拟中同样存在。在流域尺度,降雨空间变异性对径流峰值模拟的影响有所减小,但依然十分明显。需要注意的是,当降雨驱动数据的空间分辨率由 3 km 降低至 10 km 时,径流峰值的模拟偏差会由约 5% 激增到约 20%。片区和流域尺度上这种影响的突变现象表明,对于特定的水文和暴雨云团尺度组合存在着对应的临界降雨空间分辨率(Cristiano et al.,2019)。

5.3.2　雷达降雨到径流模拟的偏差传播分析

暴雨径流的模拟偏差根本上来源于对降雨描述的偏差,但同时受到雷达降雨到径流模拟偏差转化率的影响。本节基于所有降雨个例下不同区域(即约 10 000 个街区、25 个排水片区及清河流域)的模拟结果计算得到了不同尺度下的偏差转化率集合;以集合中位数表示偏差转化率的总体水平,以上下四分位数区间量化转化率的不确定性;就不同水文尺度下偏差传播的差异和联系做了进一步分析,对不同尺度下暴雨径流模拟误差的来源做了进一步解析。

1. 总量偏差传播分析

图 5.6(a)表明总量的偏差转化率与所研究的水文尺度密切相关。其中,排水片区尺度偏差转化率最小,从集合中位数来看基本保持在 10% 以内;街区尺度次之,从集合中位数来看基本位于 50% 左右,这在很大程度上反映了街区的有效不透水率水平;流域尺度的偏差转化率最大,集合中位数基本超过 50%,甚至会超过 100%,且存在着显著的不确定性。这是因为暴雨云团的尺度一般为几平方千米,远小于流域面积(200 km²)。尽管降雨空间分辨率的改变重塑了降雨空间分布格局,会在不同程度影响流域的洪水响应过程,但绝大多数的降雨仍然落在流域之内,对流域内降雨总量的影响极其有限。这也就引发了流域尺度上总量偏差转化率数值高,变化范围大的现象。

2. 峰值偏差传播分析

相比于总量偏差转化率,峰值偏差转化率明显降低。特别是流域尺度,不同降雨空间分辨率条件下偏差转化率的集合中位数均小于 30%(见图 5.6

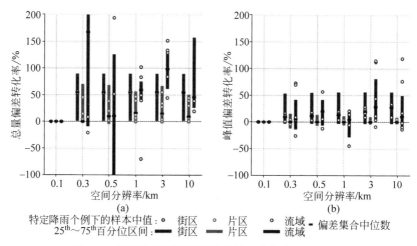

图 5.6　雷达降雨到径流模拟的偏差转化率（前附彩图）

（a）总量偏差；（b）峰值偏差

（b））。原因在于，相比于不同降雨空间分辨率下降雨总量描述的微小差异，空间分辨率变化对降雨峰值的影响更加显著，这在一定程度上限制了偏差转化率的大小。三个不同尺度的偏差转化率的大小关系基本保持不变（流域尺度＞街区尺度＞排水片区尺度）。但值得注意的是，在街区尺度，峰值偏差转化率的集合中位数随着降雨空间分辨率的降低表现出明显的上升趋势。这意味着在以坡面汇流为主要排水方式的街区尺度，降雨-径流间存在着高度的非线性关系。这会导致径流峰值随着降雨强度的减小而以越来越大的幅度降低。

5.3.3　降雨空间分辨率的阈值分析

面向业务应用，需要在认识影响规律的基础上进一步明确降雨空间分辨率需求。本书以 100 m 降雨数据及其驱动下的模拟结果为基准，以±20％作为相对偏差上限，从降雨描述和径流模拟两个方面系统梳理了不同水文尺度下降雨的空间分辨率阈值。此外，这里考虑 95％和 50％两种保证率下的结果，用以提供稳健型和激进型两种降雨空间分辨率阈值方案。

1. 降雨描述的空间分辨率阈值

从稳健型降雨空间分辨率阈值结果来看，在街区、排水片区和流域尺度上准确把握降雨总量至少需要空间分辨率分别为 500 m、1 km 和 10 km 的降雨数据(见图 5.7(a))；而把握降雨峰值则需要更高的空间分辨率,尤其是街区尺度,即使 300 m 的降雨数据也难以满足要求(见图 5.7(b))。此外可以推得,S 波段天气雷达(空间分辨率一般为 1 km)有能力在排水片区和流域尺度上准确捕捉降雨特性,同时有超过 50%的概率在街区尺度上准确描述降雨总量和降雨峰值;而遥感卫星产品(空间分辨率一般为 10 km)则只能应用于流域尺度的降雨监测。

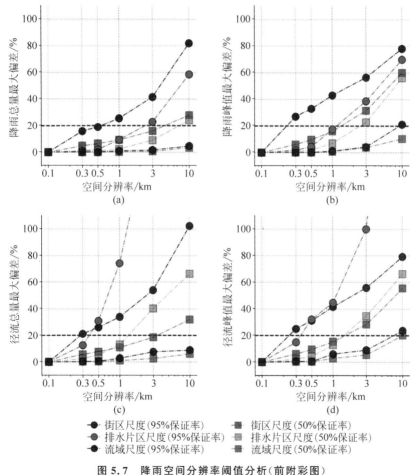

图 5.7　降雨空间分辨率阈值分析(前附彩图)

(a) 降雨总量；(b) 降雨峰值；(c) 径流总量；(d) 径流峰值

注：为了更加清晰地展示结果,横坐标轴均采用了对数坐标。

2. 径流模拟的空间分辨率阈值

图 5.7 表明,与降雨描述相比,准确的径流模拟对降雨空间分辨率具有更高的要求。这意味着城市水文产汇流过程会放大降雨描述的相对偏差,加剧降雨空间变异性的影响。这种放大效应尤其体现在排水片区尺度的径流模拟,其空间分辨率阈值由降雨描述所需的 1 km 激增到 300 m(见图 5.7(b)、图 5.7(d))。而对于流域尺度的径流模拟,10 km 的降雨数据将难以满足要求(见图 5.7(d))。对于街区尺度的径流模拟,即使采用 300 m 降雨数据也无法保证径流总量和径流峰值的模拟偏差全部位于 20% 之内。

5.3.4　不同降雨时空特性的重要性分析

在降雨空间变异性影响规律的研究之上,本书以流域尺度为例进一步分析了降雨时空特性表征随降雨空间分辨率的变化、降雨时空特性变化对城市雨洪模拟的影响和降雨时空特性的重要性排序,旨在更加深入地认识精细化降雨监测对城市暴雨洪水模拟的意义。

图 5.8 展示了空间分辨率变化对降雨时空特性捕捉的影响。总体来看,空间分辨率降低会导致对降雨总量(R_t)、降雨强度(R_m、R_p、$R_{max,15\,min}$、$R_{max,30\,min}$ 和 $R_{max,60\,min}$)、降雨时空变异性(R_{sd} 和 V_s)的显著低估和对降雨历时(R_d)的显著高估,即表现出削峰填谷和延长流域内降雨时间的作用。从中位数结果来看,10 km 空间分辨率的降雨数据对降雨峰值强度(R_p)的低估会达到 30%,对降雨空间变异性(V_s)的低估则会超过 40%。此外,空间分辨率降低会在一定程度上导致降雨比例($F_{rain,imp}$ 和 $F_{rain,EFI}$)、暴雨云团尺度(F_{cov} 和 $F_{cov,imp}$)、降雨落区距离($D_{ove,rain}$、$D_{tor,rain}$ 和 $D_{tot,rain}$)等降雨空间特性的高估。在 10 km 空间分辨率条件下,对不透水区域降雨量的高估达到了 5%,对暴雨云团尺度的高估达到了 10%,而对降雨落区至管道、河道、流域出口距离的高估则接近 10%(以上数据均为中位数结果)。相比于降雨时间特性,降雨空间特性随空间分辨率降低的变化趋势性相对更弱。在降雨空间特性总体高估的大背景下,可多次发现降雨空间特性随着空间分辨率降低而被低估的现象。这与真实降雨特性(强降雨区的空间分布)和降雨落区特性(降雨落区的不透水面分布及排水条件)有密切的关系。

图 5.9 从洪水峰值和高流量过程(90 百分位以上流量过程)两个方面展示了降雨时空特性与城市暴雨洪水模拟的关系。其中,B_p 表示洪水峰值

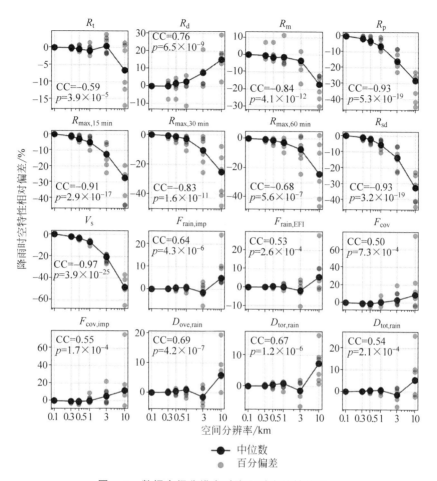

图 5.8　数据空间分辨率对降雨时空特性的影响

注：为了更清晰地展示结果，横坐标轴均采用了对数坐标；各分图横、纵坐标均为空间分辨率、
降雨时空特性相对偏差，故不再一一列出。

模拟的相对偏差；R_h^2 表示洪水高流量过程模拟的决定系数。可以发现，各项降雨时空特性偏差与城市暴雨洪水模拟偏差的相关系数绝对值基本均高于 0.5，部分达到了 0.8，具有较强的相关性。城市暴雨洪水模拟精度将随着降雨时空特性偏差的增加而显著降低。其中，降雨总量、降雨强度、降雨时空变异性与洪水模拟结果表现出正相关关系，即洪水量级会因为对该类降雨时空特性的低估而被低估；而降雨历时、降雨比例、暴雨云团尺度、降雨落区距离与洪水模拟结果则表现出明显的负相关关系，表明该类降雨特性的低估反而会导致对洪水量级的高估。

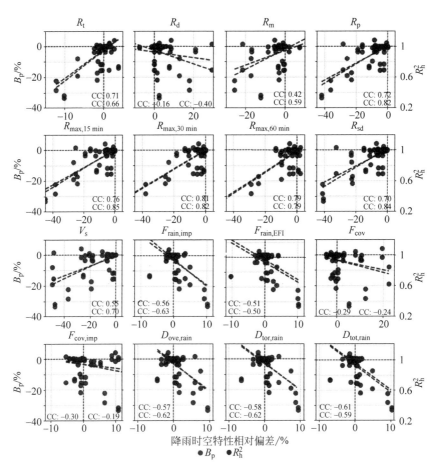

图 5.9　降雨时空特性对洪水峰值模拟精度(B_p)和洪水过程模拟精度(R_h^2)的影响(前附彩图)

空间分辨率变化会影响对降雨特性的描述,继而影响城市暴雨洪水模拟结果。进一步辨析不同降雨时空特性对城市雨洪模拟的相对重要性对于认识降雨空间分辨率的影响和提高城市雨洪模拟精度有着重要的意义。本书采用随机森林的方法对各项降雨时空特性的重要性进行了评估,图 5.10(a)~(b)分别展示了洪峰流量模拟和高流量过程模拟两个方面的分析结果。就洪峰流量模拟而言,$R_{max,30\,min}$ 的贡献最为显著,重要性评分接近 30%;紧随其后的是 $R_{max,60\,min}$ 和 $D_{tor,rain}$,重要性评分均在 10% 左右。以高流量过程的准确模拟为目标,最为重要的三项降雨时空特性依次为 R_p、

$R_{\max,15\min}$ 和 $R_{\max,60\min}$。综合来看,降雨时间特性将在 63.8% 的水平上决定洪峰流量的模拟结果,在 70% 的水平上决定洪水高流量过程的模拟结果,其相比于降雨空间特性更为重要(见图 5.10(c))。

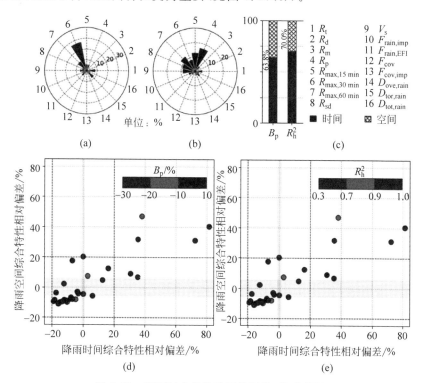

图 5.10　降雨时空特性重要性评价(前附彩图)

(a) 以洪水峰值模拟精度(B_p)为标准;(b) 以洪水过程模拟精度(R_h^2)为标准;

(c) 降雨时间和空间特性重要性对比;(d) 以 B_p 为标准的降雨时、空综合特性偏差阈值分析;

(e) 以 R_h^2 为标准的降雨时、空综合特性偏差阈值分析

采用主成分分析法分别对八维降雨时间特性和八维降雨空间特性进行降维处理,得到一维降雨时间综合特性和一维降雨空间综合特性,进一步分析流域尺度上城市雨洪模拟所需的降雨时空特性描述精度。图 5.10(d)~(e)表明,如果希望将洪峰模拟的相对偏差控制在 20% 之内,将洪水高流量过程的决定系数保持在 0.7 以上,需要将降雨时间、空间综合特性的描述偏差全部控制在 20% 以内。

5.4　结　果　讨　论

城市水文响应对降雨条件变化极为敏感,这意味着小范围内降雨变化信息的缺失将有可能导致城市洪水预报的失败。深入了解降雨空间分辨率效应有利于推动城市水文科学的进一步发展,有助于实现更加稳健的多尺度城市水文模拟。得益于成熟的城市雨洪模拟技术、精细化降雨观测系统(包括两部 X 波段双偏振雷达、11 台激光雨滴谱仪和 10 个微型气象站)以及河道水文监测数据,本书以更加稳健的方法和更加全面的视角重新审视了降雨空间分辨率对城市雨洪模拟的影响,揭示了该影响的跨尺度变化规律及其影响机理。

与前人研究相似,本书通过构建大量不同的降雨-下垫面组合情景,为全球降雨空间分辨率的相关研究提供了新的重要样本。然而值得注意的是,通过明确纳入城市水文的典型要素(排水区面积和排水模式),本书获得了一些新的认识:①对于特定的降雨过程,排水面积的增加可能会增大降雨空间变异性的影响,例如当降雨空间分辨率低于 1 km 时,极端的径流总量影响更倾向于发生在片区尺度而非街区尺度(见图 5.5(a));②与历史研究不同(Obled et al.,1994;Segond et al.,2007),本书认为 1 km 空间分辨率的降雨数据难以满足排水片区尺度(平方千米量级)下城市水文预报的要求(见图 5.7(c)~(d)),这可能与研究区良好的排水条件有关;③水文过程会进一步放大降雨相对偏差,即相对于降雨总量、峰值的准确描述,城市径流模拟需要更高的降雨空间分辨率。一般来讲,由于土壤的下渗作用和下垫面排水能力的限制,城市水文过程将坦化降雨空间分辨率降低所带来的影响,使得径流模拟偏差普遍小于降雨描述偏差(见图 5.11(a)~(b))。但是从相对偏差的角度看,城市水文过程则显著放大了降雨空间分辨率变化的影响,使得在更多的情况下径流模拟偏差大于降雨描述偏差(见图 5.11(c)~(d))。在研究区域排水能力足够的条件下,这一放大效应主要可归因于不同降雨条件下径流系数的变化。这些发现有助于对降雨空间分辨率的影响以及城市水文预报中潜在的不确定性形成更加完整的认识。同时也可以为测雨设备的空间部署和降雨数据的空间分辨率选择提供一些参考,有利于以兼顾成本和效益的方式提高城市洪水预报精度。

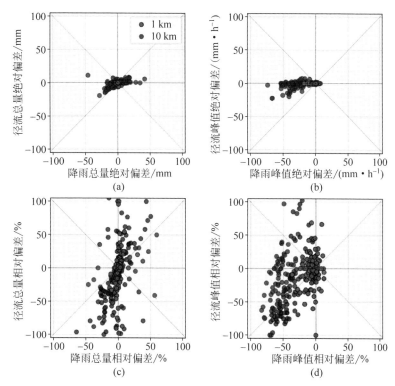

图 5.11　排水片区尺度下降雨描述和径流模拟偏差对比

（以 1 km 和 10 km 降雨条件为例）（前附彩图）

（a）总量绝对偏差；（b）峰值绝对偏差；（c）总量相对偏差；（d）峰值相对偏差

注：浅灰色区域表示降雨描述偏差大于径流模拟偏差，白色区域则相反。

5.5　本 章 小 结

基于北京市清河流域精细化水文、气象、地理综合观测数据，本书建立了清河流域 gUHM 模型，并通过空间聚合生成了 100 m、300 m、500 m、1 km、3 km 和 10 km 等六套具有不同空间分辨率的降雨数据。以 100 m 降雨驱动下的模拟结果为基准，在街区、片区和流域三个尺度上评估了降雨空间分辨率对径流模拟的影响，主要发现包括：

1. 降雨空间分辨率降低对城市水文模拟的影响具有一定的不确定性（既存在高估也存在低估），但若以大量样本为研究对象则会发现明显的规律性。总体而言，降雨空间分辨率的降低对径流总量模拟的影响较小，但会导致对洪峰流量的严重低估(最大相对偏差超过 40%)。降雨空间分辨率效应与城市水文尺度密切相关,但水文尺度的增大却未必一定会削弱降雨空间变异性的影响。例如在 3 km 降雨驱动下,对径流总量模拟的更大影响出现在片区尺度而非街区尺度;在 10 km 降雨驱动下,对径流峰值模拟的更大影响出现在流域尺度而非片区尺度。

2. 不同水文尺度下,径流模拟偏差的主导因素不同,这一现象在片区和流域尺度的对比中尤其明显。总体来看,相比于流域尺度,片区尺度下的降雨空间分辨率对径流模拟的影响更为显著,但从降雨到径流的偏差转化率却明显偏小。这表明片区尺度下的降雨描述(总量和峰值)对空间分辨率变化十分敏感;而在流域尺度下,降雨偏差普遍较小,但即使极小的面降雨估计偏差也可能会转化为不可忽略的径流模拟偏差。

3. 城市水文过程会进一步放大降雨相对偏差,使得径流模拟比降雨特性描述需要更高空间分辨率的降雨数据。此外相比于径流总量,径流峰值模拟更加需要精细化的降雨输入。总体来看,以 20% 为相对偏差的上限,片区和流域尺度的径流模拟分别要求降雨空间分辨率在 500 m 和 10 km 以上,而街区尺度则至少要达到 300 m。

4. 空间分辨率变化会显著影响降雨时空特性的描述,而降雨时空特性的变化则会进一步影响暴雨洪水模拟。综合洪水峰值和洪水过程两个方面,降雨时间特性相对于降雨空间特性更为重要。就洪水峰值的模拟而言,30 min 最大降雨强度是最重要的降雨时空特性。

通过耦合 X 波段双偏振雷达降雨数据与城市雨洪模型,本章研究获得了一些关于降雨空间变异性影响的新认识,为城市地区开展精细化降雨观测的必要性提供了更多证据,同时为优化气象站点空间部署及科学选取模型降雨驱动数据提供了重要参考。这些发现有助于在极端降雨日益增加的背景下建立城市雨洪模拟的科学范式。

第6章 总结与展望

6.1 主要研究成果

受全球气候变化和持续城市化影响,越来越多的生命和财产将处于洪水的威胁之下。城市韧性发展和应急管理建设都对精细化风险预报技术提出了需求。本书围绕精细化城市雨洪模拟,从工具研发和应用分析两个层次开展了系统的工作,通过综合水文气象精细化观测和物理过程模拟,得到了一些新的认识,主要成果总结如下:

1. 进行了精细化城市雨洪模型的开发应用及屋面微尺度汇流(MRR)过程的水文效应分析。开发了一种基于网格的城市水文模型(gUHM 模型),并以此为基础系统分析了 MRR 过程对集水区水文响应的影响。

(1) gUHM 模型可考虑从屋面到地面、到管网、再到河网的立体化城市排水结构,可实现地表产流、坡面汇流、管渠排水及地表淹没等多过程模拟,具备耦合精细化雷达降雨观测的功能,支持基于研究目标和可得数据的合理概化,于清华大学校园、北京市清河流域及部分实验场景进行了成功应用。

(2) MRR 过程使得屋面降雨通过有限的雨落管集中排出,有利于增大径流峰值。在特定的降雨-下垫面复合条件下,径流峰值的相对增量可达到10%;与此同时,若建筑物周边部署了可渗透或可蓄水景观措施,MRR 过程也可能会导致径流的减少。

(3) 从城市水文模拟的角度来看,仅忽略 MRR 过程这一项所带来的影响便可能达到精准化模拟所允许的偏差上限。因此考虑 MRR 过程对面向未来的精细化城市雨洪模拟实践而言是十分必要的。

2. 研究了模型网格单元尺度变化对城市雨洪模拟的影响规律与机理,以及基于物理过程的适应性方法。以清华大学校园为研究区构建了 10 m、30 m、50 m、100 m 和 250 m 五个具有不同网格尺度的 gUHM 模型,提出了城市地表汇流特性定量评估方法,揭示了网格尺度、地表汇流特性描述和城市雨洪模拟三者间的链式影响规律,提出了基于物理过程的模型关键参数升尺度方案;使得低分辨率模型能够充分利用高精度下垫面信息以改善模拟表现,有力促进了城市复杂汇流条件下雨洪模拟精度和模拟效率间的平衡,同时将城市水文在尺度方面的研究推进了一步。

(1) 网格尺度变化对地表汇流特性描述的影响十分显著。大网格尺度会导致地表汇流特性 P^{imp} 和 P^{p} 的明显高估,继而影响河道流量过程模拟。其中,P^{imp} 的高估会导致流量模拟的高估;而 P^{p} 的高估则会导致流量模拟的低估。

(2) 网格尺度变化对河道流量模拟的影响十分显著。不同的降雨条件下主导模拟结果的地表汇流特性因子不同,从而导致了影响的双向性。强降雨条件下 P^{p} 发挥主导作用,网格尺度增大将低估河道流量;弱降雨条件下 P^{imp} 发挥主导作用,网格尺度增大的影响则相反。

(3) 透水区域地表糙率(n)和次网格汇流比例(P_r)是模型的关键汇流参数,二者存在极强的尺度依赖性。可基于不同尺度模型对地表汇流特性的具体描述与真实地表汇流特性间的差异,推算得到变化尺度下的参数化方案,提高低分辨率模型的模拟精度。

3. 探究了降雨数据空间分辨率对城市雨洪模拟的影响规律和机理。基于精细化 X 波段双偏振天气雷达降雨监测和空间升尺度技术得到了 0.1～10 km 六套具有不同空间分辨率的降雨数据,并构建了清河流域 gUHM 模型。以 100 m 降雨驱动下的模拟结果为基准,评估分析了不同水文尺度下降雨空间变异性的影响、雷达降雨到径流模拟的偏差传播规律以及关键的降雨空间分辨率。建立了面向精细化雷达观测的降雨时空特性评价体系,量化了不同降雨特性对城市雨洪模拟的重要性。进一步深化了对降雨空间变异性的认识,为城市地区开展精细化降雨观测的必要性提供了更多证据,同时为优化气象站点空间部署及科学选取模型降雨驱动数据提供了重要参考。

(1) 降雨空间分辨率降低对城市水文模拟的影响具有一定的不确定性(可能导致高估或低估),但存在明显的规律性。总体而言,降雨空间分辨率的降低对径流总量模拟的影响较小,但会导致对峰值流量的严重低估。降雨空间分辨率效应与城市水文尺度密切相关,但水文尺度的增大却未必一定会削弱降雨空间变异性的影响。

(2) 不同水文尺度下径流模拟偏差的主导因素不同,这一现象在排水片区和流域尺度的对比中尤为明显。总体来看,相比于流域尺度,片区尺度下降雨空间分辨率对流量模拟的影响更为显著,但从降雨到径流的偏差转化率却明显偏小。即片区尺度下降雨特性描述(总量和峰值)对空间分辨率变化十分敏感,而在流域尺度下则恰恰相反。

(3)城市水文过程会进一步放大降雨相对偏差,使得径流模拟比降雨特性描述需要更高空间分辨率的降雨数据。此外相比于径流总量,径流峰值模拟更加需要精细化的降雨输入。总体来看,以±20%为相对偏差的上限,片区和流域尺度的径流模拟分别要求降雨空间分辨率在 500 m 和 10 km 以上,而对于街区尺度则至少要达到 300 m。

(4)空间分辨率变化会显著影响降雨时空特性的描述,而降雨时空特性的变化则会进一步影响流域洪水的响应。综合洪水峰值和洪水过程两个方面,降雨时间特性相对于降雨空间特性表现得更为重要。就洪水峰值的模拟而言,30 min 最大降雨强度是最为重要的降雨时空特性。

6.2　主要创新点

1. 揭示了屋面微尺度汇流过程对城市水文响应的影响,指出了城市水文模拟中又一个重要的不确定性来源;有利于进一步深化对建筑物水文效应的认识,提高城市雨洪模拟精度。

2. 发现了模型网格尺度变化对城市雨洪模拟的双向影响,揭示了模型网格尺度、地表汇流特性描述和洪水模拟结果间的链式影响规律,提出了基于物理过程的模型关键参数升尺度方案;有利于同时提升大尺度城市区域下雨洪模拟的效率和精度。

3. 揭示了降雨数据空间分辨率对降雨时空特性捕捉及城市雨洪模拟的影响,指出了城市雨洪模拟中需要把握的关键降雨特性和所需的最低降雨数据空间分辨率;有利于进一步明晰精细化降雨监测的价值,为科学的降雨监测系统构建提供了参考。

6.3　研究的不足与展望

1. 城市河、湖、闸、坝的调度及排水泵站的运行。本书围绕建筑物、道路、雨水管网等关键的城市要素开展了一系列研究,但尚未考虑城市河、湖、闸、坝调度以及排水泵站运行等因素。未来可做进一步研究。

2. 缺资料城市流域的雨洪模拟方法。本书重点分析了关键城市要素对水文响应的影响,以及如何更加科学地利用精细化观测信息。未来可进一步研究缺资料城市流域的雨洪模拟方法。

　　3. 高分天气雷达对城市降雨监测和雨洪模拟的实际贡献。本书围绕降雨空间变异性,对 X 波段双偏振天气雷达在城市雨洪模拟领域的贡献进行了分析。未来可综合降雨空间变异性捕捉和降雨估计精度两个方面,分析现阶段高分天气雷达对城市降雨监测和雨洪模拟的实际贡献。

参 考 文 献

ACOSTA-COLL M,BALLESTER-MERELO F,MARTINEZ-PEIRO M,et al.,2018. Real-time early warning system design for pluvial flash floods—A review[J]. Sensors (Basel),18(7):2255.

ALEXANDER L V,ZHANG X,PETERSON T C,et al.,2006. Global observed changes in daily climate extremes of temperature and precipitation [J]. Journal of Geophysical Research:Atmospheres,111(D5).

AMOROCHO J,1961. Discussion on predicting storm runoff on small experimental watersheds[J].Journal of the Hydraulics Division,87(2):193-198.

ASHLEY W S,ASHLEY S T,2008. Flood fatalities in the United States[J]. Journal of Applied Meteorology and Climatology,47(3):805-818.

AWOL F S,COULIBALY P,TOLSON B A,2018. Event-based model calibration approaches for selecting representative distributed parameters in semi-urban watersheds[J]. Advances in Water Resources,118:12-27.

BAI Y,ZHAO N,ZHANG R,et al.,2019. Storm water management of low impact development in urban areas based on SWMM[J]. Water,11(1):33.

BENFIELD A,2016. Annual global climate and catastrophe report:2016[Z].

BERNE A,DELRIEU G,CREUTIN J D,et al.,2004. Temporal and spatial resolution of rainfall measurements required for urban hydrology[J]. Journal of Hydrology, 299(3-4):166-179.

BRAKENSIEK D,ONSTAD C,1977. Parameter estimation of the Green and Ampt infiltration equation[J]. Water Resources Research,13(6):1009-1012.

BRINGI V N,CHANDRASEKAR V,2001. Polarimetric Doppler weather radar: Principles and applications[M]. Cambridge:Cambridge university press.

BROWN J D,SPENCER T,MOELLER I,2007. Modeling storm surge flooding of an urban area with particular reference to modeling uncertainties:A case study of Canvey Island,United Kingdom[J]. Water Resources Research,43(6).

BRUNI G,REINOSO R,VAN DE GIESEN N C,et al.,2015. On the sensitivity of urban hydrodynamic modelling to rainfall spatial and temporal resolution[J]. Hydrology and Earth System Sciences,19(2):691-709.

BRUWIER M,MARAVAT C,MUSTAFA A,et al.,2020. Influence of urban forms on surface flow in urban pluvial flooding[J]. Journal of Hydrology,582:124493.

CANTONE J, SCHMIDT A, 2011. Improved understanding and prediction of the hydrologic response of highly urbanized catchments through development of the Illinois Urban Hydrologic Model[J]. Water Resources Research, 47(8).

CAO X, LYU H, NI G, et al., 2020a. Spatial scale effect of surface routing and its parameter upscaling for urban flood simulation using a grid-based model[J]. Water Resources Research, 56(2): e2019WR025468.

CAO X, NI G, 2019. Effect of storm network simplification on flooding prediction with varying rainfall conditions[C]//IOP Conference Series: Earth and Environmental Science. [S. l.]: IOP, 344(1): 012093.

CAO X, NI G, QI Y, et al., 2020b. Does subgrid routing information matter for urban flood forecasting? A multiscenario analysis at the land parcel scale[J]. Journal of Hydrometeorology, 21(9): 2083-2099.

CAO X, QI Y, NI G, 2021. Significant impacts of rainfall redistribution through the roof of buildings on urban hydrology [J]. Journal of Hydrometeorology, 22 (4): 1007-1023.

CEA L, GARRIDO M, PUERTAS J, 2010. Experimental validation of two-dimensional depth-averaged models for forecasting rainfall-runoff from precipitation data in urban areas[J]. Journal of Hydrology, 382(1-4): 88-102.

CENTER I D M, COUNCIL N R, 2015. Global estimates 2015: People displaced by disasters[Z].

CHANG T J, WANG C H, CHEN A S, 2015. A novel approach to model dynamic flow interactions between storm sewer system and overland surface for different land covers in urban areas[J]. Journal of Hydrology, 524: 662-679.

CHAO L, ZHANG K, LI Z, et al., 2019. Applicability assessment of the CASCade Two Dimensional SEDiment (CASC2D-SED) distributed hydrological model for flood forecasting across four typical medium and small watersheds in China[J]. Journal of Flood Risk Management, 12: e12518.

CHAO L, ZHANG K, LI Z, et al., 2018. Geographically weighted regression based methods for merging satellite and gauge precipitation[J]. Journal of Hydrology, 558: 275-289.

CHEN A, DJORDJEVIC S, LEANDRO J, et al., 2008. Simulation of the building blockage effect in urban flood modelling[C]//11th International Conference on Urban Drainage, Edinburgh, Scotland, UK. [S. l. : s. n.], 1-10.

CHEN A S, EVANS B, DJORDJEVIC S, et al., 2012. A coarse-grid approach to representing building blockage effects in 2D urban flood modelling[J]. Journal of Hydrology, 426: 1-16.

CHEN W, HUANG G, ZHANG H, 2017. Urban stormwater inundation simulation based on SWMM and diffusive overland-flow model [J]. Water Science and

Technology,76(12): 3392-3403.

CHEN X,ZHANG H,CHEN W,et al. ,2020. Urbanization and climate change impacts on future flood risk in the Pearl River Delta under shared socioeconomic pathways [J]. Science of the Total Environment,762: 143144.

CONNELL R J,PAINTER D J,BEFFA C,2001. Two-dimensional flood plain flow. Ⅱ: Model validation[J]. Journal of Hydrologic Engineering,6(5): 406-415.

CRISTIANO E, TEN VELDHUIS M C, VAN DE GIESEN N, 2017. Spatial and temporal variability of rainfall and their effects on hydrological response in urban areas-a review[J]. Hydrology and Earth System Sciences,21(7): 3859-3878.

CRISTIANO E,TEN VELDHUIS M C,WRIGHT D B,et al. ,2019. The influence of rainfall and catchment critical scales on urban hydrological response sensitivity[J]. Water Resources Research,55(4): 3375-3390.

DU S,CHENG X,HUANG Q,et al. ,2019. Brief communication: Rethinking the 1998 China floods to prepare for a nonstationary future[J]. Natural Hazards and Earth System Sciences,19(3): 715-719.

EINFALT T,ARNBJERG-NIELSEN K,GOLZ C,et al. ,2004. Towards a roadmap for use of radar rainfall data in urban drainage[J]. Journal of Hydrology,299(3-4): 186-202.

ELLIOTT A H,TROWSDALE S A,WADHWA S,2009. Effect of aggregation of on-site storm-water control devices in an urban catchment model [J]. Journal of Hydrologic Engineering,14(9): 975-983.

EMMANUEL I, ANDRIEU H, LEBLOIS E, et al. , 2012. Temporal and spatial variability of rainfall at the urban hydrological scale[J]. Journal of hydrology,430: 162-172.

FABRY F, BELLON A, DUNCAN M R, et al. , 1994. High resolution rainfall measurements by radar for very small basins: The sampling problem reexamined [J]. Journal of Hydrology,161(1-4): 415-428.

FANG Z,BOGENA H,KOLLET S,et al. ,2016. Scale dependent parameterization of soil hydraulic conductivity in 3D simulation of hydrological processes in a forested headwater catchment[J]. Journal of Hydrology,536: 365-375.

FARRENY R,MORALES-PINZON T,GUISASOLA A,et al. ,2011. Roof selection for rainwater harvesting: Quantity and quality assessments in Spain[J]. Water Research,45(10): 3245-3254.

FATICHI S, VIVONI E R, OGDEN F L, et al. , 2016. An overview of current applications,challenges,and future trends in distributed process-based models in hydrology[J]. Journal of Hydrology,537: 45-60.

FOWLER H J,LENDERINK G,PREIN A F,et al. ,2021. Anthropogenic intensification of short-duration rainfall extremes [J]. Nature Reviews Earth & Environment,

2(2)：107-122.

GANGODAGAMAGE C,BELMONT P,FOUFOULA-GEORGIOU E,2011. Revisiting scaling laws in river basins: New considerations across hillslope and fluvial regimes [J]. Water Resources Research,47(7).

GHOSH I,HELLWEGER F L,2012. Effects of spatial resolution in urban hydrologic simulations[J]. Journal of Hydrologic Engineering,17(1): 129-137.

GIRES A,GIANGOLA-MURZYN A, ABBES J-B,et al. ,2014. Impacts of small scale rainfall variability in urban areas: A case study with 1D and 1D/2D hydrological models in a multifractal framework[J]. Urban Water Journal,12(8): 607-617.

GOLDSTEIN A,FOTI R,MONTALTO F,2016. Effect of spatial resolution in modeling stormwater runoff for an urban block [J]. Journal of Hydrologic Engineering, 21(11): 06016009.

GONG P,LIU H,ZHANG M,et al. ,2019. Stable classification with limited sample: Transferring a 30-m resolution sample set collected in 2015 to mapping 10-m resolution global land cover in 2017[J]. Science Bulletin,64(6): 370-373.

GOSWAMI B N, VENUGOPAL V, SENGUPTA D,et al. ,2006. Increasing trend of extreme rain events over India in a warming environment[J]. Science,314(5804): 1442-1445.

GREEN W H,AMPT G A,2015. Studies on soil physics Ⅰ. The flow of air and water through soils [J]. International Journal of Nonlinear Sciences & Numerical Simulation,4(7-8): 1-24.

HALLEGATTE S, GREEN C, NICHOLLS R J,et al. ,2013. Future flood losses in major coastal cities[J]. Nature Climate Change,3(9): 802-806.

HEILIG G K, 2012. World urbanization prospects: The 2011 revision [J]. United Nations,Department of Economic and Social Affairs (DESA),14.

HUANG C J,HSU M H,CHEN A S,et al. ,2014. Simulating the storage and the blockage effects of buildings in urban flood modeling[J]. Terrestrial,Atmospheric and Oceanic Sciences,25(4): 591.

ICHIBA A,2016. X-band radar data and predictive management in urban hydrology[D]. Paris: Université Paris-Est.

ICHIBA A,GIRES A,TCHIGUIRINSKAIA I,et al. ,2018. Scale effect challenges in urban hydrology highlighted with a distributed hydrological model[J]. Hydrology and Earth System Sciences,22(1): 331-350.

ISIDORO J M G P,DE LIMA J L M P,LEANDRO J,2012. Influence of wind-driven rain on the rainfall-runoff process for urban areas: Scale model of high-rise buildings[J]. Urban Water Journal,9(3): 199-210.

JAN A,COON E T,GRAHAM J D,et al. ,2018. A subgrid approach for modeling microtopography effects on overland flow[J]. Water Resources Research,54(9):

6153-6167.

JHA A K, BLOCH R, LAMOND J, 2012. Cities and flooding: A guide to integrated urban flood risk management for the 21st century[M]. Washington, DC: World Bank Publications.

KIDD C, 1978. Rainfall-runoff processes over urban surfaces[M]. [S. l.]: Institute of Hydrology.

KIM Y D, TAK Y H, PARK M H, et al. , 2019. Improvement of urban flood damage estimation using a high-resolution digital terrain [J]. Journal of Flood Risk Management, 13: e12575.

KONG X, LI Z, LIU Z, 2019. Flood prediction in ungauged basins by physical-based TOPKAPI model[J]. Advances in Meteorology, 2019(1): 4795853.

KREBS G, KOKKONEN T, VALTANEN M, et al. , 2014. Spatial resolution considerations for urban hydrological modelling[J]. Journal of Hydrology, 512: 482-497.

LEANDRO J, SCHUMANN A, PFISTER A, 2016. A step towards considering the spatial heterogeneity of urban key features in urban hydrology flood modelling[J]. Journal of Hydrology, 535: 356-365.

LEE J G, HEANEY J P, 2003. Estimation of urban imperviousness and its impacts on storm water systems[J]. Journal of Water Resources Planning and Management, 129(5): 419-426.

LEE S, NAKAGAWA H, KAWAIKE K, et al. , 2016. Urban inundation simulation considering road network and building configurations[J]. Journal of Flood Risk Management, 9(3): 224-233.

LEIJNSE H, UIJLENHOET R, STRICKER J, 2007. Rainfall measurement using radio links from cellular communication networks[J]. Water resources research, 43(3).

LI D, WANG X, XIE Y, et al. , 2016. A multi-level and modular model for simulating the urban flooding and its application to Tianjin City[J]. Natural Hazards, 82(3): 1947-1965.

LI Q, WANG F, YU Y, et al. , 2019. Comprehensive performance evaluation of LID practices for the sponge city construction: A case study in Guangxi, China[J]. Journal of Environmental Management, 231: 10-20.

LIAO H, KNIGHT D W, 2007. Analytic stage-discharge formulae for flow in straight trapezoidal open channels[J]. Advances in Water Resources, 30(11): 2283-2295.

LIM T C, WELTY C, 2017. Effects of spatial configuration of imperviousness and green infrastructure networks on hydrologic response in a residential sewershed[J]. Water Resources Research, 53(9): 8084-8104.

LINDNER G A, MILLER A J, 2012. Numerical modeling of stage-discharge relationships in urban streams [J]. Journal of Hydrologic Engineering, 17 (4):

590-596.

LIU J,SHEN Z,CHEN L,2018. Assessing how spatial variations of land use pattern affect water quality across a typical urbanized watershed in Beijing, China [J]. Landscape and Urban Planning,176: 51-63.

LONG Y,SHEN Y,JIN X,2016. Mapping block-level urban areas for all Chinese cities [J]. Annals of the American Association of Geographers,106(1): 96-113.

LYU H-M,SUN W-J,SHEN S-L,et al. ,2018a. Flood risk assessment in metro systems of mega-cities using a GIS-based modeling approach [J]. Science of the Total Environment,626: 1012-1025.

LYU H, NI G, CAO X, et al. , 2018b. Effect of temporal resolution of rainfall on simulation of urban flood processes[J]. Water,10(7): 880.

MASSON V, LEMONSU A, HIDALGO J, et al. , 2020. Urban climates and climate change[J]. Annual Review of Environment and Resources,45(1): 411-444.

MATEO C M R,YAMAZAKI D,KIM H,et al. ,2017. Impacts of spatial resolution and representation of flow connectivity on large-scale simulation of floods[J]. Hydrology and Earth System Sciences,21(10): 5143-5163.

MCGRAW R,GIANGRANDE S E,LEI L,2013. An application of linear programming to polarimetric radar differential phase processing[J]. Journal of Atmospheric and Oceanic Technology,30(8): 1716-1729.

MCMILLAN H K,BRASINGTON J,2007. Reduced complexity strategies for modelling urban floodplain inundation[J]. Geomorphology,90(3-4): 226-243.

MCPHERSON M B,SCHNEIDER W J,1974. Problems in modeling urban watersheds [J]. Water Resources Research,10(3): 434-440.

MEI C,LIU J,WANG H,et al. ,2018. Integrated assessments of green infrastructure for flood mitigation to support robust decision-making for sponge city construction in an urbanized watershed[J]. Science of the Total Environment,639: 1394-1407.

METCALF E,1971. University of Florida and Water Resources Engineers,Inc,storm water management model,volume Ⅰ-Final report. EPA report 11024 DOC 07/71 (NTIS PB-203289)[R]. Washington,DC: Environmental Protection Agency,352.

MIGNOT E,PAQUIER A,HAIDER S,2006. Modeling floods in a dense urban area using 2D shallow water equations[J]. Journal of Hydrology,327(1-2): 186-199.

MILLER J D,HUTCHINS M,2017. The impacts of urbanisation and climate change on urban flooding and urban water quality: A review of the evidence concerning the United Kingdom[J]. Journal of Hydrology: Regional Studies,12: 345-362.

MINSHALL N E,1960. Predicting storm runoff on small experimental watersheds[J]. Journal of the Hydraulics Division,86(8): 17-38.

MUTHUSAMY M,CASADO M R,BUTLER D,et al. ,2021. Understanding the effects of Digital Elevation Model resolution in urban fluvial flood modelling[J]. Journal of

Hydrology,596: 126088.

NASH J E,SUTCLIFFE J V,1970. River flow forecasting through conceptual models part Ⅰ—A discussion of principles[J]. Journal of Hydrology,10(3): 282-290.

NIEMCZYNOWICZ J,1988. The rainfall movement—A valuable complement to short-term rainfall data[J]. Journal of Hydrology,104(1-4): 311-326.

NOTARO V,FONTANAZZA C M,FRENI G,et al. ,2013. Impact of rainfall data resolution in time and space on the urban flooding evaluation[J]. Water Science and Technology,68(9): 1984-1993.

OBLED C,WENDLING J,BEVEN K,1994. The sensitivity of hydrological models to spatial rainfall patterns: An evaluation using observed data [J]. Journal of Hydrology,159(1-4): 305-333.

OCHOA-RODRIGUEZ S,WANG L-P,GIRES A,et al. ,2015. Impact of spatial and temporal resolution of rainfall inputs on urban hydrodynamic modelling outputs: A multi-catchment investigation[J]. Journal of Hydrology,531: 389-407.

OH S-G,SUSHAMA L,2020. Short-duration precipitation extremes over Canada in a warmer climate[J]. Climate Dynamics,54(3-4): 2493-2509.

OTTO T,RUSSCHENBERG H W,2011. Estimation of specific differential phase and differential backscatter phase from polarimetric weather radar measurements of rain [J]. IEEE Geoscience and Remote Sensing Letters,8(5): 988-992.

OZDEMIR H,SAMPSON C C,DE ALMEIDA G A M,et al. ,2013. Evaluating scale and roughness effects in urban flood modelling using terrestrial LIDAR data [J]. Hydrology and Earth System Sciences,17(10): 4015-4030.

PALLA A,GNECCO I,2015. Hydrologic modeling of Low Impact Development systems at the urban catchment scale[J]. Journal of Hydrology,528: 361-368.

PAN A,HOU A,TIAN F,et al. ,2012. Hydrologically enhanced distributed urban drainage model and its application in Beijing city [J]. Journal of Hydrologic Engineering,17(6): 667-678.

PAPROTNY D,SEBASTIAN A,MORALES-NAPOLES O,et al. ,2018. Trends in flood losses in Europe over the past 150 years [J]. Nature Communiations, 9(1): 1985.

PARK S Y,LEE K W,PARK I H,et al. ,2008. Effect of the aggregation level of surface runoff fields and sewer network for a SWMM simulation[J]. Desalination,226(1-3): 328-337.

PASSALACQUA P,TAROLLI P,FOUFOULA-GEORGIOU E,2010. Testing space-scale methodologies for automatic geomorphic feature extraction from lidar in a complex mountainous landscape[J]. Water Resources Research,46(11).

PELEG N,BLUMENSAAT F,MOLNAR P,et al. ,2017. Partitioning the impacts of spatial and climatological rainfall variability in urban drainage modeling [J].

Hydrology and Earth System Sciences,21(3): 1559-1572.

PELEG N,MARRA F,FATICHI S,et al. ,2018. Spatial variability of extreme rainfall at radar subpixel scale[J]. Journal of Hydrology,556: 922-933.

PETRUCCI G,BONHOMME C,2014. The dilemma of spatial representation for urban hydrology semi-distributed modelling: Trade-offs among complexity,calibration and geographical data[J]. Journal of Hydrology,517: 997-1007.

PUMO D,ARNONE E,FRANCIPANE A,et al. ,2017. Potential implications of climate change and urbanization on watershed hydrology[J]. Journal of Hydrology,554: 80-99.

QIANG W,XIAOXIN Z,MINGJIE W,et al. ,2011. Research summary of planning and design standards for storm water system in Beijing City[J]. Water and Wastewater Engineering,37(10): 34-39.

QIN H,LI Z,FU G,2013. The effects of low impact development on urban flooding under different rainfall characteristics[J]. Journal of Environmental Management, 129: 577-585.

RODRIGUEZ F,ANDRIEU H,MORENA F,2008. A distributed hydrological model for urbanized areas-Model development and application to case studies[J]. Journal of Hydrology,351(3-4): 268-287.

ROSA D J,CLAUSEN J C,DIETZ M E,2015. Calibration and verification of SWMM for low impact development[J]. Journal of the American Water Resources Association, 51(3): 746-757.

ROSSMAN L A,2010. Storm water management model user's manual,version 5. 0 [M]. Cincinnati: National Risk Management Research Laboratory, Office of Research and Development,US Environmental Protection Agency.

ROSSMAN L A,HUBER W C,2016. Storm water management model reference manual volume Ⅰ-Hydrology (Revised) [M]. Cincinnati: US Environmental Protection Agency.

RUSSO B,SUNER D,VELASCO M,et al. ,2012. Flood hazard assessment in the Raval District of Barcelona using a 1D/2D coupled model [C]//Proceedings of 9th International Conference on Urban Drainage Modelling. Belgrade,Serbia: Faculty of Civil Engineering,University of Belgrade.

RYZHKOV A,ZRNIĆ D,1996. Assessment of rainfall measurement that uses specific differential phase[J]. Journal of Applied Meteorology and Climatology,35(11): 2080-2090.

SALVADORE E, BRONDERS J, BATELAAN O, 2015. Hydrological modelling of urbanized catchments: A review and future directions[J]. Journal of Hydrology, 529: 62-81.

SCHILLING W, 1991. Rainfall data for urban hydrology: What do we need? [J]. Atmospheric Research,27(1-3): 5-21.

SEGOND M L, WHEATER H S, ONOF C, 2007. The significance of spatial rainfall representation for flood runoff estimation: A numerical evaluation based on the Lee catchment, UK[J]. Journal of Hydrology, 347(1-2): 116-131.

BEHROUZ M S, ZHU Z, MATOTT L S, et al., 2020. A new tool for automatic calibration of the Storm Water Management Model (SWMM)[J]. Journal of Hydrology, 581: 124436.

SINGH V P, 1994. Accuracy of kinematic wave and diffusion wave approximations for space independent flows[J]. Hydrological Processes, 8(1): 45-62.

SINGH V P, 1997. Effect of spatial and temporal variability in rainfall and watershed characteristics on stream flow hydrograph[J]. Hydrological Processes, 11(12): 1649-1669.

SINGH V P, WANG G T, ADRIAN D, 1997. Flood routing based on diffusion wave equation using mixing cell method[J]. Hydrological Processes, 11(14): 1881-1894.

SLATER L, VILLARINI G, ARCHFIELD S, et al., 2021. Global changes in 20-year, 50-year, and 100-year river floods[J]. Geophysical Research Letters, 48(6).

SMITH A, BATES P D, WING O, et al., 2019. New estimates of flood exposure in developing countries using high-resolution population data [J]. Nature Communiations, 10(1): 1814.

SOFIA G, RODER G, DALLA FONTANA G, et al., 2017. Flood dynamics in urbanised landscapes: 100 years of climate and humans' interaction[J]. Scientific Reports, 7(1): 40527.

SUN N, HALL M, HONG B, et al., 2014. Impact of SWMM catchment discretization: Case study in Syracuse, New York[J]. Journal of Hydrologic Engineering, 19(1): 223-234.

TANOUE M, HIRABAYASHI Y, IKEUCHI H, 2016. Global-scale river flood vulnerability in the last 50 years[J]. Scientific Reports, 6(1): 36021.

TELLMAN B, SULLIVAN J A, KUHN C, et al., 2021. Satellite imaging reveals increased proportion of population exposed to floods[J]. Nature, 596(7870): 80-86.

TEN VELDHUIS M, ZHOU Z, YANG L, et al., 2018. The role of storm scale, position and movement in controlling urban flood response[J]. Hydrology and Earth System Sciences, 22(1): 417-436.

THORNDAHL S, SMITH J A, BAECK M L, et al., 2014. Analyses of the temporal and spatial structures of heavy rainfall from a catalog of high-resolution radar rainfall fields[J]. Atmospheric Research, 144: 111-125.

TRENBERTH K E, 1998. Atmospheric moisture residence times and cycling: Implications for rainfall rates and climate change[J]. Climatic Change, 39(4): 667-694.

VAN DE BEEK C, LEIJNSE H, STRICKER J, et al., 2010. Performance of high-resolution X-band radar for rainfall measurement in The Netherlands[J]. Hydrology and Earth System Sciences,14(2): 205-221.

VOJINOVIC Z,2009. Supporting flood disaster management with numerical modelling and spatial mapping tools[J]. International Journal of Geoinformatics,5(4): 33.

VOJINOVIC Z, SEYOUM S, MWALWAKA J, et al. , 2011. Effects of model schematisation,geometry and parameter values on urban flood modelling[J]. Water Science and Technology,63(3): 462-467.

VOS L W,RAUPACH T H,LEIJNSE H,et al. ,2018. High-resolution simulation study exploring the potential of radars, crowdsourced personal weather stations, and commercial microwave links to monitor small-scale urban rainfall [J]. Water Resources Research,54(12): 10293-10312.

VOTER C, LOHEIDE S, 2018. Urban residential surface and subsurface hydrology: Synergistic effects of low-impact features at the parcel scale[J]. Water Resources Research,54(10): 8216-8233.

WANG S, ZHANG K, VAN BEEK L P, et al. , 2020. Physically-based landslide prediction over a large region: Scaling low-resolution hydrological model results for high-resolution slope stability assessment [J]. Environmental Modelling & Software,124: 104607.

WARSTA L,NIEMI T J,TAKA M,et al. ,2017. Development and application of an automated subcatchment generator for SWMM using open data[J]. Urban Water Journal,14(9): 954-963.

WARWICK J,LITCHFIELD J,1993. Impact of spatial and temporal data limitations on the modeling of runoff quantity and quality[C]//Water Management in the 90s: A Time for Innovation. [S. l.]: ASCE,862-865.

WESTRA S,FOWLER H J,EVANS J P,et al. ,2014. Future changes to the intensity and frequency of short-duration extreme rainfall[J]. Reviews of Geophysics,52(3): 522-555.

WING O E J, PINTER N, BATES P D, et al. , 2020. New insights into US flood vulnerability revealed from flood insurance big data[J]. Nature Communiations, 11(1): 1444.

WMO,2013. Reducing and managing risks of disasters in a changing climate[J]. WMO Bulletin,62: 23-31.

WOOD E F,SIVAPALAN M,BEVEN K,et al. ,1988. Effects of spatial variability and scale with implications to hydrologic modeling[J]. Journal of Hydrology,102(1-4): 29-47.

WOZNICKI S A,HONDULA K L,JARNAGIN S T,2018. Effectiveness of landscape-based green infrastructure for stormwater management in suburban catchments[J]. Hydrological Processes,32(15): 2346-2361.

WRIGHT D B,SMITH J A,BAECK M L,2014. Flood frequency analysis using radar rainfall fields and stochastic storm transposition[J]. Water Resources Research, 50(2): 1592-1615.

XIA C, YEH A G O, ZHANG A, 2020. Analyzing spatial relationships between urban land use intensity and urban vitality at street block level: A case study of five Chinese megacities[J]. Landscape and Urban Planning, 193: 103669.

XIAO Q, MCPHERSON E G, SIMPSON J R, et al., 2007. Hydrologic processes at the urban residential scale[J]. Hydrological Processes, 21(16): 2174-2188.

YANG P, NG T L, 2017. Gauging through the crowd: A crowd-sourcing approach to urban rainfall measurement and storm water modeling implications [J]. Water Resources Research, 53(11): 9462-9478.

YANG P, REN G, HOU W, et al., 2013. Spatial and diurnal characteristics of summer rainfall over Beijing Municipality based on a high-density AWS dataset [J]. International Journal of Climatology, 33(13): 2769-2780.

YAO L, WEI W, CHEN L, 2016. How does imperviousness impact the urban rainfall-runoff process under various storm cases? [J]. Ecological Indicators, 60: 893-905.

YIN J, GENTINE P, ZHOU S, et al., 2018. Large increase in global storm runoff extremes driven by climate and anthropogenic changes[J]. Nature Communications, 9(1): 4389.

YIN J, YU D, YIN Z, et al., 2016. Evaluating the impact and risk of pluvial flash flood on intra-urban road network: A case study in the city center of Shanghai, China[J]. Journal of Hydrology, 537: 138-145.

YOU Q, KANG S, AGUILAR E, et al., 2011. Changes in daily climate extremes in China and their connection to the large scale atmospheric circulation during 1961—2003[J]. Climate Dynamics, 36(11-12): 2399-2417.

YU B, LIU H, WU J, et al., 2010. Automated derivation of urban building density information using airborne LiDAR data and object-based method[J]. Landscape and Urban Planning, 98(3-4): 210-219.

ZAGHLOUL N A, 1981. SWMM model and level of discretization[J]. Journal of the Hydraulics Division, 107(11): 1535-1545.

ZHANG K, WANG Q, CHAO L, et al., 2019. Ground observation-based analysis of soil moisture spatiotemporal variability across a humid to semi-humid transitional zone in China[J]. Journal of Hydrology, 574: 903-914.

ZHANG W, MONTGOMERY D R, 1994. Digital elevation model grid size, landscape representation, and hydrologic simulations[J]. Water Resources Research, 30(4): 1019-1028.

ZHOU Q, YU W, CHEN A S, et al., 2016. Experimental assessment of building blockage effects in a simplified urban district [J]. Procedia Engineering, 154: 844-852.

ZHOU Z,SMITH J A,BAECK M L,et al.,2021. The impact of the spatiotemporal structure of rainfall on flood frequency over a small urban watershed：An approach coupling stochastic storm transposition and hydrologic modeling[J]. Hydrology and Earth System Sciences,25(9)：4701-4717.

ZHOU Z,SMITH J A,YANG L,et al.,2017. The complexities of urban flood response：Flood frequency analyses for the Charlotte metropolitan region[J]. Water Resources Research,53(8)：7401-7425.

曹雪健,戚友存,李梦迪,等,2022. 极端暴雨威胁下的城市内涝风险预警系统研究[J].大气科学,46(4)：953-964.

岑国平,1990. 城市雨水径流计算模型[J].水利学报,(10)：68-75.

岑国平,沈晋,范荣生,1995. 马斯京根法在雨水管道流量演算中的应用[J].西安理工大学学报,11(4)：275-279.

程晓陶,徐文彬,2016. 快速城镇化加大内涝风险[N].中国气象报,001.

程晓陶,李超超,2015. 城市洪涝风险的演变趋向、重要特征与应对方略[J].中国防汛抗旱,6-9.

范舒欣,李坤,张梦园,等,2021. 城市居住区绿地小微尺度下垫面构成对环境微气候的影响——以北京地区为例[J].北京林业大学学报,43(10)：100-109.

韩肖倩,2019. 城市：聚集的力量——近二十年全球城市化变动趋势[J].人类居住,(2)：58-61.

侯精明,李桂伊,李国栋,等,2018a. 高效高精度水动力模型在洪水演进中的应用研究[J].水力发电学报,37(2)：96-107.

侯精明,王润,李国栋,等,2018b. 基于动力波法的高效高分辨率城市雨洪过程数值模型[J].水力发电学报,37(3)：40-49.

胡伟贤,何文华,黄国如,等,2010. 城市雨洪模拟技术研究进展[J].水科学进展,21(1)：137-144.

黄国如,冯杰,刘宁宁,等,2013. 城市雨洪模型及应用[M].北京：中国水利水电出版社.

黄国如,陈文杰,喻海军,2021. 城市洪涝水文水动力耦合模型构建与评估[J].水科学进展,32(3)：334-344.

姜灵峰,2018. 近76年我国洪涝灾损度变化特征分析[J].气象科技进展,8(5)：13-18.

李丽华,郑新奇,象伟宁,2008. 基于 GIS 的北京市建筑密度空间分布规律研究[J].中国人口·资源与环境,18(1)：122-127.

李娜,胡亚林,张念强,2019a. 我国城市防洪体系建设与成就[J].中国防汛抗旱,29(10)：20-24.

李娜,2019b. 城市洪涝模拟技术在城市洪水管理中的应用[J].中国防汛抗旱,29(2)：5-6.

梁瑞驹,周彦东,1991. 流域汇流计算的动力波模型[J].水文,10(3)：1-5.

刘俊,1997. 城市雨洪模型研究[J].河海大学学报：自然科学版,25(6)：22-26.

刘璐,孙健,袁冰,等,2019. 城市暴雨地表积水过程研究：以清华大学校园为例[J].水力发电学报,38(8):98-109.

刘雅莉,杜剑卿,李锋,等,2019.微尺度下城市公园人造绿地土壤水分的时空分异格局及其驱动机制[J].生态学报,39(18):6794-6802.

卢丽,2017.北京市清河流域极端降水及防汛预警指标研究[D].北京:中国农业大学.

吕恒,2018.城市复杂条件对精细水文过程的影响研究[D].北京:清华大学.

潘安君,侯爱中,田富强,等,2012.基于分布式洪水模型的北京城区道路积水数值模拟:以万泉河桥为例[J].水力发电学报,31(5):19-22.

任伯帜,2004.城市设计暴雨及雨水径流计算模型研究[D].重庆:重庆大学.

任伯帜,邓仁建,2006.城市地表雨水汇流特性及计算方法分析[J].中国给水排水,22(14):39-42.

芮孝芳,蒋成煜,陈清锦,等,2015.SWMM模型模拟雨洪原理剖析及应用建议[J].水利水电科技进展,35(4):1-5.

申红彬,徐宗学,张书函,2016.流域坡面汇流研究现状述评[J].水科学进展,27(3):467-475.

宋利祥,2019.基于高稳、高速计算的洪水实时分析技术[J].中国防汛抗旱,29(5):6-7.

宋晓猛,张建云,王国庆,等,2014.变化环境下城市水文学的发展与挑战——Ⅱ.城市雨洪模拟与管理[J].水科学进展,25(5):752-764.

宋晓猛,张建云,占车生,等,2013.气候变化和人类活动对水文循环影响研究进展[J].水利学报,44(7):779-790.

田富强,倪广恒,2021.城市暴雨洪水机理与预报[M].北京:科学出版社.

王浩,王佳,刘家宏,等,2021.城市水循环演变及对策分析[J].水利学报,52(1):3-11.

王佳雯,廖威林,王大刚,等,2017.中国大陆地区极端降水与温度的相关性[J].中山大学学报:自然科学版,56(6):22-30.

王小杰,夏军强,董柏良,等,2022.基于汇水区分级划分的城市洪涝模拟[J].水科学进展,33(2):196-207.

夏军,张印,梁昌梅,等,2018.城市雨洪模型研究综述[J].武汉大学学报:工学版,51(2):95-105.

夏军,张永勇,张印,等,2017.中国海绵城市建设的水问题研究与展望[J].人民长江,48(20):1-5+27.

徐向阳,1998.平原城市雨洪过程模拟[J].水利学报,8:35-38.

徐宗学,叶陈雷,2021.城市暴雨洪涝模拟:原理,模型与展望[J].水利学报,52(4):381-392.

余富强,鱼京善,蒋卫威,等,2019.基于水文水动力耦合模型的洪水淹没模拟[J].南水北调与水利科技,17(5):37-43.

喻海军,马建明,张大伟,等,2018.IFMS Urban软件在城市洪水风险图编制中的应用[J].中国防汛抗旱,28(7):13-17.

张建云,2012.城市化与城市水文学面临的问题[J].水利水运工程学报,1(1):1-4.

张建云,王银堂,贺瑞敏,等,2016.中国城市洪涝问题及成因分析[J].水科学进展,

27(4)：485-491.

张南,2018.水动力数值模拟系统(Hydroinfo)开发及应用研究[D].大连：大连理工
　　大学.

张念强,李娜,甘泓,等,2017.城市洪涝仿真模型地下排水计算方法的改进[J].水利学
　　报,48(5)：526-534.

周玉文,赵洪宾,1997.城市雨水径流模型研究[J].中国给水排水,13(4)：4-6.

在学期间完成的相关学术成果

一作论文：

[1] **Cao X**，Lyu H，Ni G，et al. Spatial scale effect of surface routing and its parameter upscaling for urban flood simulation using a grid-based model［J］. **Water Resources Research**，2020，56（2）：e2019WR025468.（SCI）

[2] **Cao X**，Ni G，Qi Y，et al. Does subgrid routing information matter for urban flood forecasting? A multiscenario analysis at the land parcel scale ［J］. **Journal of Hydrometeorology**，2020，21（9）：2083—2099.（SCI）

[3] **Cao X**，Qi Y，Ni G. Significant impacts of rainfall redistribution through the roof of buildings on urban hydrology［J］. **Journal of Hydrometeorology**，2021，22（4）：1007-1023.（SCI）

[4] **Cao X**，Ni G. Effect of storm network simplification on flooding prediction with varying rainfall conditions［C］//**IOP Conference Series：Earth and Environmental Science**.［S. l.］：IOP，2019，344（1）：012093.（EI）

[5] 曹雪健，戚友存，李梦迪，杨志达，倪广恒. 极端暴雨威胁下的城市内涝风险预警系统研究［J］. **大气科学**，2022，46（4）：953-964,（中文核心）

[6] **Cao X**，Qi Y，Ni G. X-band polarimetric radar QPE for urban hydrology：The increased contribution of high-resolution rainfall capturing［J］. **Journal of Hydrology**，2023，617：128905.

合作论文：

[1] Lyu H，Ni G，**Cao X**，et al. Effect of temporal resolution of rainfall on simulation of urban flood processes［J］. **Water**，2018，10（7）：880.

[2] Su H D，**Cao X**，Wang D C，et al. Estimation of urbanization impacts on local weather：A case study in northern China（Jing-Jin-Ji district）［J］. **Water**，2019，11（4）：797.

[3] Li B，Zhou X，Ni G，**Cao X**，et al. A multi-factor integrated method of calculation unit delineation for hydrological modeling in large mountainous basins［J］. **Journal of Hydrology**，2021，597（1-2）：126180.

［4］　吕恒,倪广恒,**曹雪健**,等.道路在城市排涝中的作用及影响因素定量评价[J].**清华大学学报(自然科学版)**,2018,58(10)：906-913.

［5］　苏辉东,贾仰文,倪广恒,龚家国,**曹雪健**,等.机器学习在径流预测中的应用研究[J].**中国农村水利水电**,2018(6)：40-43＋48.

参加的研究项目：

［1］　国家重点研发计划"全球变化及应对"专项"高分辨率区域地球系统模式的研发及应用"项目(批准号：2018YFA0606000)

［2］　国家重点研发计划"重大自然灾害监测预警与防范"专项"基于综合观测的强对流天气识别技术和示范系统开发"项目(批准号：2018YFC1507500)

［3］　国家自然科学基金面上项目"强人类活动对区域水汽输移影响研究"(批准号：51679119)

［4］　国家重点实验室自主研究课题"暴雨洪涝风险的精准模拟与智慧控制"(批准号：61010101221)

致　谢

　　2016 年 9 月初见清华，气宇轩昂；2017 年 2 月再见清华，朝气蓬勃。2017 年 9 月走进清华，觉得年富力强，由此开启了人生的第一个 5 年计划。时间如白驹过隙，如今已到尾声。5 年间，遭受过失败，领受过质疑，感受过落寞，也迷失过方向；5 年间，开阔了眼界，提高了能力，磨炼了性格，也认识了自己。回忆过去的事，内心五味杂陈，思绪万千；回想身边的人，内心格外温暖，感激不尽。

　　感谢我的导师倪广恒教授。倪老师治学严谨，学识渊博，有很高的科研品味。科研上，倪老师习惯在关键时刻给出高屋建瓴的意见，常常一语中的，发人深省；生活中，倪老师对学生们关怀备至，让人如沐春风。我时常在想，是否是因为承载了太多的知识，所以倪老师变得如此温和，对学生们格外包容。博士期间，倪老师给我提供了肥沃的科研土壤和广阔的科研平台，而我所取得的每一点进步、每一份成绩都与此不可分割。感谢戚友存老师。戚老师与倪老师一起在论文选题、论文写作、论文投稿等方面给予了我细致的指导和巨大的帮助；与戚老师的交流不仅让我在学术研究方面取得了进步，更让我对自己的职业规划有了全局的视野。感谢田富强老师。田老师不仅在科研上多次给我帮助，更在羽毛球场上给予了我宝贵的指导；田老师执着的学术追求、严谨的治学态度、拼搏进取的作风深深影响着我。感谢荷兰代尔夫特理工大学 Nick van de Giesen 教授和 Rolf Hut 教授对我的肯定、指导与帮助。感谢杨大文老师、龙笛老师、赵建世老师、尚松浩老师、杨汉波老师、傅旭东老师在开题答辩、博士预答辩等关键节点给我的指导和建议。

　　感谢城市水文气象研究组师兄（师姐）吕恒、杨文宇、朱小亮、王福山、杨妍、黄蓓、马玉、邢月在我初入师门时对我的指导和照顾；感谢师弟覃建明、刘家辉、李步、李瑞栋、龚傲凡、汪鑫、周睿杨在我博士中后期对我的支持和帮助；感谢办公室小伙伴张旭腾、张宽、吕皓阳、程少逸、王佳乐、杨文婷，以及众多好友一直以来的关心和陪伴。正是因为你们，让我在清华的日子变得更有温度，让我在清华的生活变得更加丰富，让我深感这段光阴没有虚度。

　　最后，感谢家人一直以来的理解和支持。